有趣的化学基础百科

物质状态：
气体·液体和固体

STATES OF MATTER
GASES,LIQUIDS,AND SOLIDS

[美] 克丽丝塔·韦斯特　著

陈秀芬　译

上海科学技术文献出版社
Shanghai Scientific and Technological Literature Press

图书在版编目（CIP）数据

物质状态：气体、液体和固体 /（美）克丽丝塔·韦斯特著；陈秀芬译．—上海：上海科学技术文献出版社，2024
ISBN 978-7-5439-8998-6

Ⅰ．①物… Ⅱ．①克…②陈… Ⅲ．①物质—状态—变化—青少年读物 Ⅳ．① O414.12-49

中国国家版本馆 CIP 数据核字（2024）第 014182 号

States of Matter
Copyright © 2008 by Infobase Publishing

Copyright in the Chinese language translation (Simplified character rights only) © 2024 Shanghai Scientific & Technological Literature Press

版权所有，翻印必究
图字：09-2020-499

选题策划：张　树
责任编辑：苏密娅　姚紫薇
封面设计：留白文化

物质状态：气体、液体和固体
WUZHI ZHUANGTAI: QITI、YETI HE GUTI
[美]克丽丝塔·韦斯特　著　陈秀芬　译
出版发行：上海科学技术文献出版社
地　　址：上海市长乐路 746 号
邮政编码：200040
经　　销：全国新华书店
印　　刷：商务印书馆上海印刷有限公司
开　　本：650mm×900mm　1/16
印　　张：6
版　　次：2024 年 2 月第 1 版　2024 年 2 月第 1 次印刷
书　　号：ISBN 978-7-5439-8998-6
定　　价：38.00 元
http://www.sstlp.com

Contents 目 录

第 1 章

大自然的物质搬运工

台风（飓风）是大自然中最强的力量之一。它起初平和柔缓，挑选一条路线，慢慢地跨越温暖的海洋并积蓄着力量。然后，伴着它的引擎（科里奥利力①）的转动，它变成一股能在极短时间内改变陆地样貌的强大力量。对于陆地上的人来说，台风的力量或许看起来没什么意义，但是仔细思考后，你就会发现台风是自然界中最好的物质搬运工之一。

台风把温暖的海水变成湿热的空气，然后将

① 科里奥利力（Coriolis force）：法国气象学家科里奥利在 1835 年提出的概念。为了描述旋转体系的运动，需要在运动方程中引入一个假想的力，这个力就是科里奥利力。当一个低气压中心与周围大气有压力差时，周围大气中的空气会向低气压中心移动，该移动受到科里奥利力的影响而偏转，形成旋转的气流，在温暖的海水条件下，飓风就形成了。——译者注

这些空气变成能淹没一座城市的大雨，或者在八月制造一场突如其来的暴风雪。台风改变水的形式，或者说物态，并将其搬运到地球表面。

但台风并不是唯一把水从地球的一处搬到另一处的力量。实际上，水的不断运动是地球上水循环的一部分。水循环描述的是水在地表、地表以上及以下的运动。

为了搬运地表的水，水循环采用相变的办法。当物质改变其形式，或者说状态的时候，它就发生了"相变"。相变包括物质从液态变成气态（或气态变成液态）、从液态变成固态（或固态变成液态）、从固态变成气态（或气态变成固态）这些情况。

可以说，在地球上，没有任何地方的相变比水循环中的相变更自然、更重要。这些过程使得海洋里、大气中和陆地上的水平衡相对稳定。如果没有水循环，就不会有降水，云也就无法形成。

地球的水循环

地球的水循环并不在某一个地方开始或停止。水循环的很多步骤不断改变着水的相态，使水不停地在地球各处运动着。本章将讲述水循环中每个相变的作用。本书后面会讲解相变究竟是如何在分子层面发生的。

蒸发

蒸发是将液体变成气体的过程，是地球水循环必不可少的一个组成部分。蒸发将地球上的液态水从海洋、湖泊、河流和溪流的表面转移到大气中，水会以气体的形态在大气中短暂地停留。

尤其是海洋，它们是巨大的液态水源头，海洋里的水会自然蒸发，进入地球的水循环中。地球表面大约 70% 都被海洋覆

卡特里娜飓风

台风（飓风）对地球很有用，但对人类来说，它们并非总是有益的。2005年8月，美国历史上致人死亡最多的五次飓风之一的卡特里娜（Katrina）袭击了美国东南地区，从路易斯安那州到阿拉巴马州，几乎摧毁了新奥尔良市。

该飓风始于2005年8月23日，形成于巴哈马附近的热带低压。热带低压的典型特征是时速23～39英里/小时（37～63千米/小时）的海面风。次日，该热带低压升级为热带风暴，覆盖区域内的风力更强、雨量更大，被命名为卡特里娜。这场风暴开始向东南沿海移动，直到登陆前两个小时才正式成为飓风。

卡特里娜飓风最高风速达到175英里/小时（282千米/小时），最大跨度超过200英里（322千米），降雨量高达15英寸（38厘米）。该飓风冲断了新奥尔良市的许多防洪堤，摧毁了民居和道路。防洪堤是用于保护某一区域，使其免遭附近水体造成的洪灾的堤坝，而新奥尔良市的防洪堤就是为了保护该市不受墨西哥湾、庞恰特雷恩湖和密西西比河的水域影响。

卡特里娜飓风造成的破坏是毁灭性的。这场飓风导致2 000多人丧生，数千人无家可归，并造成超过8 000亿美元的经济损失，是美国历史上造成损失最严重的飓风。

图1.1　路易斯安纳州新奥尔良市的许多地区被卡特里娜飓风造成的洪灾破坏

盖，因此有很大的表面积可以进行蒸发。

太阳加热海洋和其他水体表面的液态水分子，加热给予这些水分子能量，让它们可以摆脱将其结合成液体的力，变成气体。有时强风会加速蒸发，在这个过程中给液体分子提供物理上的帮助。

随着时间的推移，蒸发会导致大量水以气体形式出现在大气中。这些气态的水被称为水蒸气。科学家们估计大气中大约90%的水蒸气是通过蒸发的过程进入大气的。

凝结

凝结是与蒸发相反的活动，是将气体变为液体的过程。很多由于地表的蒸发而进入空气中的水蒸气最终会凝结成云。虽然水蒸气的量和位置可能有很大不同，但是空气中会一直有一些水蒸气存在。

由于独特的压强和温度条件，凝结会发生在地表以上。（压强是粒子与其容器壁碰撞次数的量度。）在地表上方，空气并不是被困在一个容器中的，但是我们可以把它想象成一个巨大的土丘。接近地表的土，也就是在土丘底部的土，承受着上面所有土的重量；在土丘顶端的土不承受任何重量，所以高海拔处的气压非常低。

虽然我们看不见大气中的空气，但是它们就像这个土丘一样。空气也和土一样，是有重量的。地表附近的空气会感受到压力，这是因为其余空气的重量都压在它上面。这使近地表的空气密度比较大。也就是说，这里的空气粒子彼此靠得更近。在空气层顶端（大气层顶端）的空气感受到的压力和重量都更小，这里的空气粒子彼此间离得更远。

第二（影响也更大），大气被加热的方式导致高海拔处的温度非常低。来自太阳的能量使地球变暖，地球反过来加热其上方的空气。所以，相比离地表更高、更远处的空气，离地表更近的空气更暖。这使高海拔处的空气密度没那么大，而且很冷。

低气压和低温都是影响水的物态的因素。在某些海拔高度，水处在一个介于气态（水蒸气）和液态（液态水）之间的

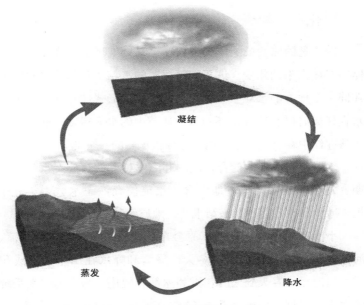

凝结

蒸发

降水

图 1.2   水循环

注：水循环使水的运动遍及整个地球。水循环中的三个过程是蒸发、凝结和降水。

平衡状态。但是，在海拔更高的地方，更冷的温度会导致水蒸气凝结成液态水，甚至直接变成冰晶。当水蒸气粒子凝结时，它们会与空气中的粉尘、盐和烟的微粒结合，形成水滴。这些水滴能积聚起来形成云。

　　云是由凝结的水滴或冰晶构成的。飘在很高处的云的温度非常低，它们是由水滴和冰构成的。虽然大多数的单个水滴都太小，没办法以降水的形式落下，但是很多水滴聚在一起就能形成在地球上能够看到的云。云里面的水滴往往会互相碰撞。它们在碰撞的时候就会结合在一起，形成越来越大的水滴。当水滴变得足够大、足够重的时候，它们就会以降水的形式落下来。

融化

融化是固体变成液体的过程，也是把地球上的冻结水从存储中释放出来的相变。这里"储存"的水粒子是指长时间停留在同一个地方的水粒子。事实上，以冰的形式储存在地球上的水在任何时候都比水循环的其他环节中的水多得多。能把这些水从存储中释放出来是水循环过程很重要的一个部分。

水以几种方式被储存。湖泊和海洋可以储存液态水几个星期、几个月或者几年；地下含水层能储存液态水数千年；冰川、冰原和冰帽能储存冻结水几个地质纪 ①。

小型冰川和陆地上的冰原会在相应的季节融化，为溪流、河流以及湖泊提供淡水。冬天，降雪和降水在山中积累成积雪。当温暖的春天到来时，雪和冰都会融化，为当地的水系统输送水。根据美国地理调查（U.S. Geological Survey）的说法，美国西部地区多达 75% 的淡水补给来自雪融水。冻结水也顺应季节变化被储存和融化，为人类所用。

在更长的时间尺度上，冰川、冰原和冰冠储存着地球水循环中长期使用的淡水。从这些源头来的冰雪融水流入海洋、渗入地下含水层，水最终在这些地方脱离存储，成为活跃的水循

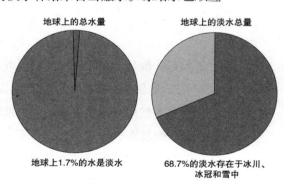

地球上的总水量   地球上的淡水总量

地球上1.7%的水是淡水   68.7%的淡水存在于冰川、冰冠和雪中

图 1.3　地球的淡水

注：冰冠、冰川和雪中的淡水占地球上淡水总量的一大部分。

---

① 　地质纪：纪是地质学中的一个地质年代单位，长度不定，可达几百万年。地质年代单位从大到小可分为宙、代、纪、世、期。——译者注

对全球冰川融化的关注

在整个地球历史中，冰川和冰盖的规模以及融化的量都有过变化，但这始终是水循环的关键部分。如今，科学家们对冰川和冰盖快速融化感到担忧——或许融化得太快了。

根据世界守望协会（一家独立研究组织）的说法，20世纪90年代，地球表面的冰融化速度明显加快。该协会列出多项取自于不同研究项目的地球表面冰的变化来支持这一说法。证据包括：

- 阿拉斯加的冰川目前变薄的速度是20世纪50至90年代的两倍。
- 蒙大拿州的冰川将全部消失（1850年有150座冰川，现在只有40座）。
- 西南极州的冰川在2002年和2003年变薄的速度比20世纪90年代快得多。
- 格陵兰岛的冰盖边缘的融化速度是2001年的10倍。

究竟全球的冰为何快速融化是一个倍受争论的话题。很多人将全球气温升高归咎于人为因素。其他人则指出地球有着长期的地面冰量变化历史，认为这是正常的地球历史的一部分，因而对其不予理会。但多数人一致认为现在融化的速度比以往快。是否需要采取措施是另一个问题。

环的一部分。

冰川和冰原中的水储存之所以重要，完全是因为它具有巨大的规模。虽然地球上大多数的水并不在冰川、冰原和冰冠中，但是它们蕴含着这颗行星上大多数淡水（近70%）。如果没有被称为"融化"的这种简单的相变，我们就无法利用这些大量的淡水储备。

凝固

凝固与融化相反，是液体变成固体的过程，是造成降水结冰的相变过程。冰川和冰原都是凝固过程产生的。凝固可以发生在地球大气中很多不同的地方。

　　雪花是由粘连在一起的冰晶构成的，形成于大气的高处。冰雹是一团冻结的水，往往形成于雷暴内。雨夹雪是由在落向地表过程中冻结的雨滴构成的。冻雨是以液体的形式降下，但在落到冰冷的地面时冻结的降水。这些不同形式的冻结降水共同把大气中的液态水转移到地表，然后在这里融化，渗入海洋和地下水，或者冻结并累积形成冰川和冰原。

　　冰川是由雪和冰构成的巨大的冻河。冰原是覆盖着陆地的、面积巨大的冰。冰冠也是很大的冰面，但是面积比冰原小。所有这三种形式的冰，需要有特定的天气条件才能形成和长期维持。基本上，冻结降水在某些区域降下并累积时，冰川就开始形成了。为了使这种累积得以发生，夏天必须足够凉爽，才能让积雪和冰在每个季节都不融化。冰川一般是在地球南北极和山岭的高海拔地区形成的。地球上的每块大陆，包括非洲大陆，都至少有一处冰川。

　　冰川慢慢地在地表运动着、流动着，在陆地上开辟出清晰的道路。冰川会随着时间的推移而融化、缩小、变大，有时候是自然发生的，有时候是由人类活动引起的气候变化造成的。

升华

　　升华是固体不经历液相而直接变成气体的过程。它是雪不融化就消失了的原因。

　　多数情况下，雪消失的方式就是融化，变成泥浆和小摊的液态水。但是在有些情况下，雪会经历升华，并直接从固态的雪变回水蒸气。

　　在美国，雪的升华尤其多发于西部地区，那里常在一段严寒天气过后刮起温暖而干燥的风。当这些温暖而干燥的风吹过被雪覆盖的地方，雪就会直接升华成气体，完全跳过液相这个阶段。在有些地方，这种风被称为"Chinook 风"（"Chinook"是美国印第安原住民的词汇，意为"吃雪的东西"）。虽然升华在地球的水循环中起的作用不如蒸发和凝结这样的相变重要，但是它仍有助于把水从地球上的一个地方搬到另一个地方。

凝华

凝华是气体不经历液相而直接变成固体的过程，与升华是相反的。凝华在高海拔地区制造出雪，在寒冷的冬天制造出霜。

虽然有些雪是水滴在大气的高处冻结形成的，但大多数的雪实际上是通过凝华形成的。空气中的水蒸气完全跳过液相阶段，直接变成固态的雪。

在冰凉的冬日早晨里出现的霜，也是凝华形成的。空气中的水蒸气接触到了一个超冷的表面，比如汽车的挡风玻璃，然后立刻冻结成微小的冰晶。因为温度低，液体无法形成，水蒸气就直接变成了固体。

和升华一样，凝华在水循环中扮演的角色也不如其他的一些相变重要，但是它对于整体过程同样重要，它使空气中的气态水进入地球的水循环中。

你可能看见过或听说过很多在地球的水循环中有规律地发生着的相变。但是它们为什么会发生？如何发生？归根结底，这些问题的答案都在于物质内分子的行为。这些行为决定着一个物质是处于固态、液态还是气态，决定着它何时从一种物态变化成另一种物态。

第 2 章

分子的行为

　　想一想学校的各个房间里的活跃程度是不是不太一样？有些房间很安静，比如那些挤满了正在考试的学生的教室。在这样的房间里，大家都不怎么动，按照某种顺序坐着。别的房间，比如午餐时间的食堂，则很吵，里面一直有人活动。每个人都在房间里来回走动，并没有什么特别的规律。

　　学校里的每一个房间都有一套可预测的规则和行为，有它自己的"混沌状态"。学生们如何移动、行为和占据空间决定着这个混沌状态。一旦你了解了学校里某个教室（比如正在举行考试的教室）的混沌状态，你就能预测学生们会在那个房间或状态中做什么。

　　同样地，化学中分子的行为决定着一个物质的状态，或者说它的相。物态告诉我们分子如何在空间中移动、行为，以及如何在空间上被组织起来。就像我们可以预测学校里的学生的行为一样，一旦你了解了一个既定物体的状态，你就能预测它的分子在那种物态下会做些什么。先了解一些基础的化学词汇会有助于理解分子的行为如何决定一个物体的状态。

重要术语

在我们理解物态之前，不妨先理解物质和它的所有组成部分的基本定义。事实证明，物质包括地球上的所有东西。也就是说，任何有质量并占据空间的东西都是物质。树、书和电脑都是不同种类的物质。空气、溪流和星星也都是物质。物质有无数种形状和形式，由很多种不同的元素的实体构成。

元素是宇宙中最基本的实体。但元素通常不会自然分解。它们只能由科学家在实验室中分解成其最基本的成分。氧、碳

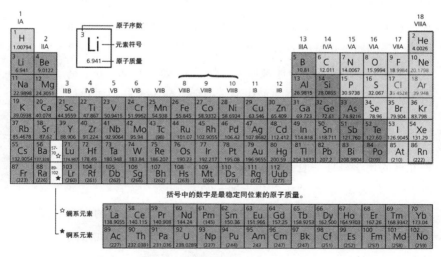

图 2.1　元素周期表

注：元素周期表展示了所有的已知元素。纵列称为"族"，横排称为"周期"。

和铜都是元素，钙、钛和镭也是。地球上的所有东西都是由元素构成的。

各种元素被编排到一个名为"元素周期表"的表中，它是化学中最有用的工具之一。元素周期表是一个系统性的图表，为我们提供单个和成族的元素的信息。目前世界上有 118 种已知的元素，化学家们不用死记硬背每种元素的性质，他们只要查阅元素周期表就可以了。元素周期表可以告诉你的事情之一就是每一种元素的结构。

原子是使一个元素维持其性质的最小单位。原子是元素的基本单位。不同元素的原子的大小不同，但它们都太小，肉眼无法看见。光学显微镜，甚至是功能很强大的光学显微镜，都不能显示出原子。一般来说，如果你将两亿个原子并列排成一行，它们会构成一条大约一厘米长的线。科学家们使用特别的显微镜，比如扫描隧道显微镜或者原子力显微镜，来生成原子的图像。

不同元素的原子以不同的方式结合，创造出新物质。比如水，它就是由氢原子和氧原子以一种特定的方式结合到一起而构成的。钠原子和氯原子结合在一起就生成了盐。

不同原子的某些结合体被称为"分子"。确切来说，分子是由两个或更多的原子结合而形成的。地球上的大多数东西都是由这些多元素的分子构成的。

化学家们用字母或者一系列的字母来表示原子和分子。每种元素的化学符号一般都是由一个或两个字母构成的。比如字母"H"代表氢元素，"Na"代表钠元素。

科学家们用化学式作为体现一种物质分子构成元素的简略方式。化学式中包括构成该分子的每种元素的符号。比如水的化学式是"H_2O"，这个化学式体现出一个水原子中，有两个氢原子和一个氧原子结合在一起。

表2.1 词汇一览

单词	定义	示例
物质	任何有质量并占据空间的东西	如人类、电话、橘子、空气
元素	宇宙中最基础的实体	如碳（C）、铁（Fe）、氢（H）
原子	维持某元素性质的最小组成单位	氢原子
亚原子粒子	原子内的微小粒子	如中子、电子和质子
分子	两个或多个结合在一起的原子	水分子
化学键	形成于原子得到、失去或者共用电子时	H:H 用来表示两个氢原子之间键合的式子
化学式	用代表元素的字母符号来描述原子或分子	H_2O 水的化学式

原子内部

将原子结合到一起形成分子的力，来自被称为"质子"和"电子"的微小的亚原子粒子。这些粒子带不同的、相互吸引的电荷。

位于原子中心的是原子核，这是一个密布着带正电荷的质子和不带电荷的中子的区域。带正电荷的原子核吸引被称为"电子"的带负电荷的粒子。电子处于原子核周围的区域中，这个区域被称为"电子云"。电子云里有壳层和轨道，电子最有可能在这些地方被找到。正是这些运动着的电子云，让原子得以和其他原子形成化学键。

化学键

化学键形成于原子获得、失去或共用电子之时。来自两个或多个原子的电子如何互相作用，决定了形成的化学键的类型。电子间的不同作用取决于原子中电子的位置和数量。

电子的位置

电子在原子中的位置是决定这个原子与其他原子成键的因素之一。科学家们使用两个基本的模型——玻尔模型和量子力学模型——来解释电子在原子中的位置。

玻尔模型于 1913 年被提出，在它的描述中，电子绕着被能量固定住的原子核运动。在玻尔模型中，能级被称为"轨道"。电子沿固定的轨道绕原子核运动的方式和行星绕着太阳运动的方式相似。这就是原始而有些粗糙的原子模型。玻尔模型适用于非常简单的原子，但是在更复杂的化学中就不再被使用了。

量子力学模型则更现代也更符合数学规律。按它的描述，在原子的原子核周围有着很大的空间，电子就在被称为"电子云"的空间里。与玻尔模型的类似之处是，量子力学模型表明电子可以在能级中被找到；而不同的是，电子并不是沿着固定

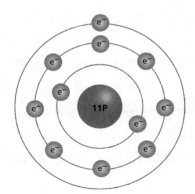

图 2.2　氮原子的玻尔模型

注：玻尔原子模型是由尼尔斯·玻尔（Niels Bohr）提出的。他认为，电子绕着原子核运动的方式类似于行星绕太阳的轨道运动。

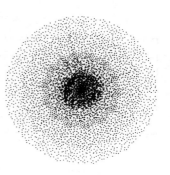

图 2.3 电子云模型

注：量子力学模式提出，我们无法得知电子的准确位置，但是有一些可能找到电子的区域。

的路径绕原子核运动的。根据量子力学模型，电子的具体位置是无法得知的，但是电子云里有一些找到电子的可能性比较高的区域。这些区域就是能级；每个能级都有几个次能级。这些次能级中电子所在的区域被称为"原子轨道"。电子在云中的确切位置是无法准确预测的，但是原子中每个电子的独特速度、方向、旋转、去向以及与原子核的距离是可以被判断的。量子力学模型相比于波尔模型更复杂，也更准确。

电子数

一个原子中的电子的数量是决定原子将如何成键的另一个因素。最外层能级的电子数达到容纳上限的原子是最稳定的。稳定原子是不轻易获得、失去或者共用电子的。

如同之前所说的，电子可以在原子的能级内的轨道中被找到。每个能级有不同数量的轨道。比如，所有原子的第一能级都有一条轨道。这个轨道能容纳两个电子，因此第一能级只能容纳两个电子。第二能级有四条轨道，这意味着第二能级能容纳八个电子。

能级中的一条轨道被看作是一个壳层。当原子最外层能级的壳层中含有的电子数量达到该能级可以容纳的最大电子数时，这个原子就变得稳定了。对于大多数常见的元素来说，这

表 2.2　原子中的能级、轨道和电子

能级	轨道数	电子数量
1	1	2
2	4	8
3	9	18
4	16	32

意味着在最外层能级的壳层中有八个电子。离原子核较远的能级会有多条轨道。因此，能级离原子核越远，它蕴含的能量就越多。

电子先填满最低的能级，然后逐步填满其他能级的轨道。如果一个原子只有两个电子，比如氦元素，那么这两个电子会填满最低的能级，然后这个原子就稳定了。氦原子不会轻易获得、失去或者共用电子，因为它唯一的轨道是满的。

在最外层能级中有八个电子的原子也被认为是稳定的。原子在最外层能级中拥有八个电子以实现稳定性的倾向，被称为"八隅体规则"。该规则是成键的驱动力，因为原子之间会发生反应，直到每个原子都变得稳定。

稳定的原子被称为"不活泼原子"；容易得到、失去或共用电子以填满自己的能级的原子被称为"活泼原子"。那些最外层有一个电子的原子容易失去或共用它们的电子，而该层有六个或七个电子的原子则很容易为了变得稳定而得到电子。

在原子得失电子或与其他原子共用电子的时候，它们会创造出化学键。将原子结合在一起形成分子的正是这些化学键。

化学键是在一个分子的原子之间发挥作用的最强的力，比如水分子中将氢原子和氧原子吸引到一起的力就很强大。在整个分子之间起作用的力则要弱得多，比如，将一杯水中的两个水分子吸引到一起的力，就不如每个水分子内部的化学键强。

另一方面，这些存在于整个分子间的弱力决定了分子团如何彼此联系到一起，也反过来决定了该物质的状态。

化学家将物质分为三种主要的物态：固态、液态和气态。每种物态中的分子都有特定的运动和行为方式，而这些方式取决于相关的各种力。这些行为决定着两种决定物体物态的主要特点：形状和容量。

当一个物体的尺寸可以被测量时，它就有了形状。比方说一块冰块，可能会被测得是一个 1 英寸 × 1 英寸 × 1 英寸 ① 的立方体。它有确定、可测量而不易改变的形状。反观液体和气体，如果没有容器，它们就没有可以被测量的面积和边。如果有液态水，那么它在什么形状的容器里就是什么形状。该原理也适用于充满气体的气球。空气会按气球的形状把它填充起来。如果你弄洒了一杯水，那这些液体将在物体表面上散开，无法维持它的形状。固体有确定的形状，但是液体和气体没有。

当一个物体占据了固定大小的空间时，它就有了容量。比如说一杯水，它可以被测得是 16 盎司 ②。它有确定而可测量的容量。固体也有确定而可测量的容量。但是气体能在空气中分散开并扩散出去。气体分子仍然存在，但它们没有被限制在固定大小的空间里。不处于密封容器中的气体没有确定的容量。

表 2.3　每种物态的性质

物态	形状	容量
固态	有	有
液态	无	有
气态	无	无

---

① 英寸：长度单位，1 英寸 = 2.54 厘米。——译者注
② 盎司：容积单位，1 盎司 = 29.57 毫升。——译者注

形状和容量有助于确定一种物质样品的物态，也能告诉你很多有关这份样品中的原子和分子行为的信息。最终决定一个物体性质的正是其中原子的行为。性质是化学物质的标志性行为。比如大多数的金属在室温下是坚硬而有光泽的固体，它们能保持其形状和容量。这些都是金属的普遍性质。液体被倾洒后很容易扩散，这是液体常见的共同性质。

不断变化的行为

关于一个物体的物态，最有趣的事情之一就是它能变化。在不同的物态下，原子和分子的行为和排列方式不是永久不变的。固体可以变成液体；液体可以变成气体；气体可以变成固体。从物理上来说，只要条件正确，从一种物态到另一种物态的任何变化都是可能的。

物态变化，或者说相变，一般都依赖于环境温度和压强。蒸发、凝结、升华和凝华都是常在地球上自然发生的相变。化学家也能在受控环境中控制温度和压强来制造相变。

水是一个会随温度变化而轻易改变物态的常见例子。在室温下，水是一种液体。如果将温度降到凝固点（32 ℉ / 0 ℃），水就会变成固态的冰。如果将温度升高到沸点（212 ℉ /100 ℃），水就会变成一种气体。单靠改变水的温度，你就可以让它发生相变。

第3章

固体、液体和气体

　　固态、液态和气态被分类为不同的物态，是因为它们的原子和分子有不同的组织方式。固体中的分子排布紧密，而气体中的分子是自由移动的。

　　分子的这种排列方式很重要，因为它赋予每种物态一系列独特的性质。分子排列紧密的固体往往很硬，而分子自由移动的气体没有固定的形状。本章将考察固体、液体和气体中原子和分子的排列方式，以及一些由此而产生的性质。

固体

　　固体中的粒子有序而紧密地排布在一起，不会来回移动，也不会混在一起。因为粒子的位置固定，所以固体有自己的形状。构成一种物质的原子或分子的大小，是决定它们在固体中的排列方式的因素之一。不同元素的原子大小不同，有的大一些，有的则小一些。当大小不同的原子被紧密地排列在一起时，就会形成独特的结构。

比如，一个食盐分子（NaCl）中原子的大小就不同。钠原子（Na）比氯原子（Cl）小，所以钠原子就被挤在更大的氯原子中间，因而形成的形状就是一种晶状的积木式结构。原子尽可能紧凑地排列在一起，但在晶状结构中还是会因为其中原子大小有别而有很多空隙。

与其形成对比的是仅由一种元素构成的固体。这种固体的原子都是同样大小，比如氢原子，所有氢原子的大小都是相同的。这就导致了化学家们所说的"密堆积结构"的出现。在这种结构中，每个原子都尽可能地靠近旁边的原子。因为同样大小的原子都紧紧地贴合在一起，所以被浪费的空间不多。比如金属中的原子，它们往往是按密堆积结构排列的。

固体物质中的分子或原子之间的相互作用力，是决定该固体中原子或分子的组织方式的第二个因素。这些力可能很强，比如原子间的化学键（想象它们有强力胶一样的力量）；它们也可能很弱，比如分子间力（想象它们有着橡胶胶水似的弱一些的力量）。基本上，分子间力就是两个或多个分子之间的吸引力。

非晶态固体和晶态固体

有两种类型的固体：非晶态固体和晶态固体。

非晶态固体中的分子是由不可预测的键和力结合在一起的。这些分子也以随机的方式排布。非晶态固体没有固定的几何结构，如玻璃、橡胶和塑料。

在这些固体中，可能有很多种不同类型的分子以不同的方式键合在一起。有些分子被化学键固定了位置，而其他分子则被分子间力固定住。因为有不同的力在起作用，所以这些固体

图 3.1 有固定几何结构的绿柱石

往往不像别的固体一样有序而可预测。因此，非晶态固体会展现出一系列不同的性质。

比如玻璃，它就是一种坚硬、易碎而难熔的非晶态固体。而橡胶和塑料则是柔软而易熔的非晶态固体。因为在非晶态固体中有很多不同的力将原子结合在一起，所以也有很多种不同的性质。

大多数的固体都是晶态固体。晶态固体中的原子和分子是以固定的几何结构排布的。每一个几何结构片段被称为一个"单胞"，单胞在固体内不断复制堆积，你可以把每个单胞看成是一块积木。在每一个晶态固体内部，原子和分子的确切排列方式取决于两个因素：大小和力。化学家们根据固体中将原子和分子结合到一起的力的类型，将晶态固体非为四大类：离子固体、金属固体、网络原子固体和分子固体。

离子固体

离子固体中的原子是通过带电粒子之间的力结合在一起的。带电粒子被称为"离子"。这些力创造出一种被称为"离子

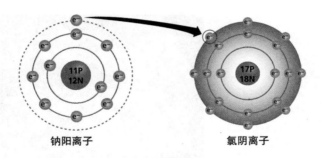

钠阳离子   氯阴离子

图 3.2　离子键的形成

注：在钠原子和氯原子之间的一个离子键中，氯原子得到钠原子失去的最外层电子。钠变成带正电的离子（阳离子），而氯变成带负电的离子（阴离子）。

键"的化学键。

当一个原子把自己的一个电子给了另一个原子的时候，离子键就形成了。原子在自然状态下是电中性的。然而，当两个原子之间形成了离子键的时候，原子就变成了带电粒子，也就是说，它们变成了离子。

失去了一个或多个电子的原子失去它的负电荷，带上正电荷，化学家们称这种带正电荷的原子为"阳离子"。得到了一个或多个电子的原子获得了额外的负电荷，化学家们称这种带负电荷的原子为"阴离子"。这种得失电子的行为导致在两个带相反电荷的原子之间形成了一个离子键，创造出一个离子型分子。

每个离子型分子都有一个阳离子端和一个阴离子端。由于异性相吸，所以不同分子带相反电荷的端面自然地相互吸引。这个力能够将离子固体中由离子键键合的分子结合在一起。

离子固体的一个常见例子就是食盐（NaCl）。当一个钠原子（Na）和一个氯原子（Cl）形成一个离子键时，就形成了食盐。钠原子失去它的外层电子（变成一个阳离子，Na^+），而氯原子得到这个电子（变成一个阴离子，Cl⁻）。阳离子 Na⁺ 与阴离子 Cl⁻ 键合，形成 NaCl，即常见的食用盐。

即便原子被结合在一起，它们依然在两端带正负电荷。只有一个氯化钠粒子的情况是极少的。当两个 NaCl 粒子相遇时，一个粒子中的 Na⁺ 会被另一个粒子中的 Cl⁻ 吸引。这种吸引力继续下去，会有几十亿、几百亿、几千亿个 NaCl 粒子非常紧密地结合到一起，形成一个晶体。这种被称为"静电力"的分子间的力，将离子固体中的原子牢牢地固定住。

在离子固体中有着强大的原子间吸引力，导致了离子固体一些特定的性质。比如离子固体的熔点和沸点通常会很高，这是因为要分开这类固体中的原子需要很多能量。要打破原子之间的吸引力，使它们熔化或沸腾，必须添加大量的能量（以热的形式）。

金属固体

金属固体中的原子是被多个原子共用电子时创造出的力结合在一起的。这些力创造出一种名为"金属键"的化学键。

一群电子与金属的原子形成的键就是金属键。构成金属的是带正电的原子，即阳离子，而非电中性的原子，这些阳离子周围有金属的价电子。金属中的价电子是自由悬浮、绕着阳离子运动的粒子，有时被称为"电子海"。价电子会被阳离子吸引，形成金属键。金属键会将金属粒子结合在一起。

想象一块银（Ag）。它里面的 Ag 阳离子被价电子包围。金属键，也就是在带正电的阳离子和带负电的价电子之间的吸引力，将这块银结合在一起。

原子间由此形成的力很强，将原子牢牢地固定住。这种力决定了很多我们通常所知的金属的性质。由于有这些紧密排列的原子，所以大多数金属都是有延展性的，而且它们往往不易熔化，因为要分离这些原子需要很多的热能。

金属的另一个共同性质就是它们都是电的良导体。这个性质是由于那些自由悬浮、不停运动的价电子而产生的。这些电子可以在金属中传导电流。毕竟，电流不过就是带电荷的电子的运动而已。大多数的电线都是由金属制成的，其目的就是为了利用这一重要性质。

网络原子固体

网络原子固体中的原子通过原子共用电子时产生的力结合在一起。这些力创造出一种名为"共价键"的化学键。

当两个都需要得到电子来达到稳定状态的原子共用电子时，就会出现共价键。这个过程并不是一个原子把自己的一个电子送给另一个原子，而是两个原子重叠，并共用一个或多个仍受各自的原子核约束的电子。

自然界常见的共价键是两个结合在一起的氢原子（H_2）。氢只有一个电子，但是它的一个电子壳层里需要有两个电子才能稳定。在这种情况下，氢原子不会将自己唯一的电子拱手让人，而是常与另一个氢原子共用它的电子，形成 H_2。

单个的 H_2 和其他共价分子一般都很小，只在几种原子中出现。比如，一个水分子是由两个氢原子和一个氧原子以共价的方式键合，形成的一个微小而稳定的分子。这三个原子中的任何一个都不会再和别的原子形成更多的共价键了。

有时候原子或分子可以和很多其他原子或分子形成共价

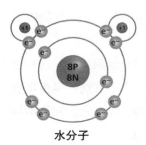

水分子

图 3.3　水分子中的共价键

注：在一个水分子中，两个氢原子与一个氧原子共享它们最外层的电子。

键，制造出能够被看见的巨大结构。这些结构被称为"网络原子固体"，它们在很多原子或分子间同时出现共价键时形成。

网络原子固体中的原子团像金属固体一样，也会共用电子。但是在这种情况下，每个电子仍然受到它原本的电子核的紧密约束。这就创造了一种将多个原子结合在一起的强力。网络原子固体的一个已知性质就是它们是地球上最硬的物质之一。

网络原子固体的一个例子就是形成钻石的碳。钻石内的碳原子以共价键排列的结构是在地球内的高温高压条件下自然形成的。

大多数钻石是在地下 90 英里（145 千米）左右的地方形成的，那里超高的温度和极大的压力使碳晶体结构增大。经过一段时间（有些人说长达五千万年）后，这些钻石结构来到了地球表面，并被人类从岩石中开采出来。现在大约有 15 个国家的钻石开采都很活跃，并且现在除了欧洲和南极洲之外的每个大洲都有钻石的存在。

分子固体

分子固体中的原子是由弱的分子间力结合在一起的。这些力比离子固体、金属固体和网络原子固体中的化学键要弱得多，但是其强度仍足以将分子们结合在一起。

冰就是一个通过分子间力结合在一起的固体的好例子。每一个水分子（H_2O）都有两个氢原子与一个氧原子共价键合。氢原子与氧原子共用它们的电子。由于形成的分子形状独特，水分子的氢原子端带一个正电荷，而氧原子端带一个负电荷。

带正电荷的氢原子端会被附近的另一个水分子中带负电荷的氧原子端吸引。这些分子间力比我们在离子固体中见到的化学键弱，但是其强度可以使水在冻结成固体时能够保持分子间的结合。

这些相对较弱的键有助于决定冰的性质。因为这些分子是通过弱力结合在一起的，所以它们很容易断开。只需要很少的能量，即热能，就能克服这些力，分离冰里的这些分子，形成液态水。

液体

液体中的原子以半有序的方式紧密地排列在一个固定的空间内，但是这些原子能自由移动，有时还会以不可预测的方式混合。液体和固体不一样，它的原子之间没有固定的组织或者强力的键合。但是与固体类似，原子间的力使液体成为液体、赋予这种物态独特的性质。液体可以混合、溢出，也可以轻松地改变形状。

因为液体中的分子可以自由地移动，所以用勺子搅拌一下就可以让分子混合、重组。但是混合并不能让分子重组成新的物质，因为搅拌并不能破坏液体的分子排列，所以液体仍然是液体。

有时两种液体不能混合在一起，比如油和水。每种液体内的分子间力都比混合的力更大。每种液体都可以被单独混合，但是这两者却不能保持混合在一起的状态。

将混合液体维系在一起的力和液体溢出时维系在一起的力是相同的。如果你把一杯水泼在地上，它会形成一个小水洼。这些分子不会无限地向四面八方扩散（像气体中的分子那样），因为分子之间的相互吸引力刚好足够维持液体的原有状态。

液体间的相互作用力也使液体具有了第三种独特的性质：能改变形状。想象一个装满了水的气球。你可以通过推拉这个气球来改变水的形状，而完全不用改变这些水分子的结构或者水的量。水的形状总是和气球的形状是一样的。

将液体中的分子们结合在一起的分子间力一般比实际的化

学键要弱。这些力把分子们粘在一起，但它们仍然可以混合、移动。有三种将液体中的原子结合在一起的分子间力：氢键、偶极-偶极力和色散力。

偶极-偶极相互作用

偶极-偶极相互作用是一种分子间力，它出现在一个分子的带正电端被另一个分子的带负电端吸引的时候。在这种情况下，一个偶极只是一个带电荷的分子。

盐酸分子是存在分子间的偶极-偶极力的一个例子。盐酸是由一个氢原子（H^+）和一个氯原子（Cl^-）构成的，它的化学式是 HCl。在这种情况下，氢原子把自己的一个电子给了氯原子，形成一个化学键。

偶极-偶极相互作用出现在一个分子中的氯原子被另一个分子中的氢原子吸引的时候。这种吸引会发生是因为在一个 HCl 分子中的氯原子是带负电的（它有一个多余的电子），而它的氢原子是带正电的（它送出了自己仅有的一个电子）。在图形上，它们看起来是这样的：

$$H^+Cl^- \text{ --- } H^+Cl^-$$

偶极-偶极力将这样的分子结合在一起，它比将分子内的原子结合在一起的化学键，以及在其他情况下形成的氢键都要弱得多。但是它的强度仍足以影响一群分子的行为。

氢键

氢键是一种分子间力，出现在一个氢原子（H^+）被另一个分子中的原子吸引的时候。这种键对分子团的行为有极大的影响。

氢在自然界中总以 H_2 的形式出现，这是因为一个单个的原子（H^+）只有一个电子。为了填满它的能级并稳定下来，这

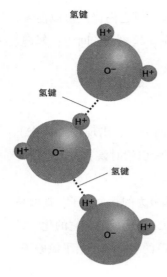

图 3.4　水分子的氢键

注：氢键将水分子结合在一起。

个氢原子和另一个氢原子共用它的电子，形成 H_2。正是 H_2 分子参与了氢键合。

氢分子（H_2）特别吸引几种元素，包括氟（F）、氯（Cl）、溴（Br）和碘（I）。这四种元素都有很高的电负性，这意味着它们非常容易吸引电子，形成一个稳定的八隅体。水是一个很好的氢键合的例子。当水分子中的一个氢原子被另一个水分子中的一个氧原子吸引时，水分子之间就形成了一个氢键。将分子结合在一起的氢键比将原子结合在一起的化学键要弱得多。氢键在图形上看起来是这样的：

$$O\text{-}{\overset{\displaystyle O}{\text{H}}}\text{-}H$$
$$\overset{\displaystyle H}{}\quad \overset{\displaystyle H}{}$$

这样的氢键创造出一个分子间力，这个力将多个水原子结合成团，并影响它们的行为。氢键实际上就是极强的偶极-偶极相互作用。这就是煮沸水比煮沸其他不含氢键的液体所需要的能量更多的原因。

色散力

色散力是一种分子间力，出现在分子短暂带电（或正或负），并彼此吸引的时候。

这种力所涉及的分子通常是电中性的。但是在所有的分子中，电子绕着原子核不停运动。所以，会有所有的电子都聚集在同一位置，并使一个原子或分子的一端带电的短暂时刻。当这个带电端出现，它能短暂地吸引其他带相反电荷的分子。

氯分子（Cl_2）间的色散力就是一个例子。氯分子形成于一个氯原子和另一个氯原子共用它的一个电子，形成化学键的时候。这个共用的电子实际上在两个原子之间不断地来回运动，它会短暂地在 Cl_2 分子的一端制造出一个电荷。它在图形上看起来是这样的：

$$Cl^+\text{-}Cl^- \text{ --- } Cl^+\text{-}Cl^-$$

这种分子间力非常弱，而且存在时间很短，但是它仍然能影响一群分子的行为。

气体

气体中的粒子之间彼此远离，快速移动着，而且没有任何特定的组织方式。气体中的原子和分子与固体和液体中的不同，它们对彼此并没特别强的吸引力。

在气体中，那种在液体和一些固体中将分子结合在一起的分子间力仍然存在，但是气体分子靠速度克服了这些分子间力。单个的气体分子总是在移动；它们有很多能量，这让它们可以不停地移动。

所以，在气体中，原子或分子有规律地从彼此身边经过，并且只进行很短暂的互动。这段很短的时间不足以让分子间力发挥作用。所以，气体中的原子和分子会继续按照各自的方式运动。

正是因为缺少将原子或分子结合在一起的力，所以气体才有了它们最独特的性质。

气体向着四面八方扩散，充满任何空间，而且会在散开后呈现出与容器一致的形状。但是它和液体不一样。你可以把一个玻璃杯装满水，水会散开，呈现出玻璃杯的形状，而且在外力的作用下会混合、移动。但是水不会自发地离开这个杯子。

而气体不是这样的，你无法将一个敞口的玻璃杯装满气体，并指望这些气体留在里面。这些气体会弥散到杯子外面并充满整个房间。气体像液体一样流动、改变形状，只是其程度更甚。除了重力以外，没有别的力能将气体固定住。

图 3.5 充满受热气体的热气球正在膨胀、上升

在这种物态下，在原子或分子间起作用的力不是那么重要了，反而是另外三种因素决定了气体中的原子或分子的运动：温度、压力和容量。化学家们通过一系列气体定律来描述这三个因素。我们将在接下来的几页中讨论这些因素和气体定律。

温度

温度不仅仅是指物体感觉上的热或冷程度。温度实际上是一个材料中的平均动能的量度。动能指的是运动的能量。物质中的粒子一直在运动。一份物质样品里的粒子运动越快，它的动能，或者说温度，就越高；粒子运动越慢，它的动能，或者说温度，就越低。温度高的气体里有快速运动着的粒子。

压力

压力是施加在物体表面的力的量度。在气体中，压力是原子或分子在碰撞容器壁时产生的力的大小。气体中的原子或分子的运动方向是随机的，但是它们最终还是会撞到某些东西。比如，轮胎中的空气就是一直在运动着的。空气撞到轮胎壁所产生的冲击就被测算为压力。所有的气体都会产生一定的压力。

容量

容量只是一个大小固定的空间。比方说轮胎中的空气会占据一个固定的空间，所以它有固定的容量。容量对气体很重要，因为如果空间不是固定的，那么气体就会朝着四面八方弥散开来。和会形成水洼的液体或者紧紧黏合在一起的固体不一样，气体会在一个空间中无限扩散。要固定或者研究气体，就必须有一个有着固定空间或者容量的容器。

理想气体法则

温度、压力和容量的相互作用决定了气体的行为。化学家们已经在一系列气体定律——关于气体行为方式的法则中，确定了这三种因素之间的关系。因为不断运动的气体中的微小原子或分子很难被观察和研究，所以气体定律就被用于预测和解释气体中原子或分子的行为。

自古以来，形成过很多以不同人的名字命名的气体定律。1662 年的波义耳定律（Boyle's Law）、1802 年的查理定律（Charles's Law）和 1811 年的阿伏伽德罗定律（Avogadro's Law）是其中的几个。

现在那些法则中的大多数都被融进了化学家们所说的"理想气体法则"中。这个理想气体法则写成一个用字母代替数字的等式。每个字母代表着一个针对特定气体的、能够测量的不同因素。理想气体法则的等式是：

热气球

理想气体定律解释了为什么热气球能停在高空。根据理想气体定律的公式，当气体的温度（T）上升（且压力和体积保持恒定），该气体的粒子数（n）必然减少。

在热气球中，气球内部的温度比外部更高。气球充当容器，压力和体积保持恒定。然而，多余的气体粒子能够从气球底部逸出。由于高温，气球内部的分子比外部少，这使得热气球内部的空气密度比外部低。密度低的空气会漂浮在密度高的空气中。气球内温度升高会进一步降低空气密度，使气球在天空中升得更高。

$$PV = nRT$$

P 代表压力，V 代表容量，n 代表气体粒子的个数，R 是一个常量（一个预先确定的已知数），而 T 代表温度。

化学家们使用这个等式来确定某一特定气体的压力、容量、数量或者温度。比如你知道了一只汽车轮胎中的空气的容量和温度，要计算该轮胎内部所受的压力，你可以将已知的数字代入这个等式中，并求出 P。

这个等式存在缺陷，"理想气体法则"之所以叫这个名字，是因为它只适用于"理想的"或者"完美的"气体。可惜的是，理想的气体在现实中并不存在。没有气体能完美地适应这个等式，但是有些气体的适用度比别的高一些。虽然如此，这个理想气体法则还是被用于估计和理解气体中的原子和分子的行为。

第 4 章

蒸发和凝结

蒸发发生在液体变成气体的时候。凝结是与蒸发相反的过程，它发生在气体变成液体的时候。

在烧开一锅水的过程中，你随时可以看到蒸发在快速发生。在烧水的时候，你使用热能，或者说热，把水从一种液体变成气体。当你听到气态水，也就是水蒸气，让茶壶发出哨鸣声的时候，那是蒸发在发挥作用。

把一杯冰饮料放在太阳下，你就会看到凝结现象。只需要一小会儿，水滴就会在玻璃杯的外侧上形成。空气接触到冰凉的杯子后被冷却，就形成了这些水滴。玻璃杯附近空气中的水蒸气凝结，在杯壁上形成液滴。

蒸发和凝结完全取决于一个物质中每个粒子所包含的能量。在上面的例子中，当水分子得到足够的能量，克服了将它们结合在一起的分子间

图 4.1 蒸发

注：蒸发是指液体中的分子获得足够的能量，从液体中逃逸出来变成气体。

力，它们就会蒸发，变成气体——水蒸气。同样地，如果水蒸气分子冷却了，它们就会失去能量并减慢运动速度，最终凝结成液体。

本章将进一步研究液体中的能量粒子、它们施加的力以及在蒸发和凝结过程中的变化。

液体中的分子的能量

液体中的所有粒子——原子和分子——都有一定数量的能量。这份能量让它们能在液体中运动和流动，并在这个过程中频繁地相撞。

当一个分子撞上了另一个分子，它们之间就会发生能量传递。撞击过后，一个分子的能量会比撞击前多一点，而另一个分子的能量在撞击后会变少一点。所以，液体中所有分子都有能量——但并不是所有分子具有完全相同的能量。

材料的温度是构成该材料的所有分子的平均动能的量度。某液体的温度上升意味着该液体中的分子获得越来越多的能量，运动得越来越快。分子运动得越快，它的温度就越高。

最后，每个分子的动能都大到足够克服那些将分子结合成液体状态的分子间力。此时，高能量的分子蒸发，物态从液态变成气态（如图4.1）。

相反的情况发生在从气体中消除能量的时候。气体中的分子速度慢下来，温度就下降；分子运动得越慢，温度就越低。最后，每个分子的动能都过低，分子屈服于分子间力，最终以液体的形式结合在一起。此时，低能量的气体分子凝结为液体。

液体中的力

大多数液体是由分子间力结合在一起的。但不是所有的分子间力都是一样大的。使一个物质维持在液态的分子间力的大小决定了将液体变成气体需要增加多少能量（通常是热量），以及将气体变成液体需要拿走多少能量。

为了理解分子间力在这些相变中的重要性，我们可以比较两种常见的液体：水和丙酮（一种指甲油卸除水中的常见成分）。水中将分子结合在一起的氢键比丙酮中将分子结合在一起的偶极–偶极力要强得多。因为将丙酮分子结合在一起的分子间力很弱，所以液态的丙酮蒸发所需要的能量极少。因此，丙酮的沸点较低，而且有很强的气味，而这两种性质通常都与水无关。

为了提供足够的能量使水分子蒸发，就必须要给它加热。水必须被加热到212 ℉（100 ℃），才能使每个水分子都得到足够的能量来打破它们的氢键，从液体变成气体。化学家们称这个温度为"沸点"，这是液体变成气体的临界点。

丙酮的沸点比水低很多，因为打破它的较弱的分子间力、将液体变成气体所需的能量少得多。丙酮的沸点是133 ℉（56 ℃）。这个温度就能给丙酮分子足够的能量去打破偶极–偶极力并使其蒸发。因为丙酮的沸点比水低，所以丙酮比水蒸发得快。

此外，丙酮有着很强烈的气味。因为丙酮易蒸发，所以它在不断地向空气中释放分子。人类的鼻子能够察觉到空气中的丙酮分子，也就是闻到了它的气味。

分子间力并不是蒸发和凝结过程中唯一的影响因素。气压是另一个重要因素。气压越低，分子从液态变成气态所需要的能量就越少。你可以把气压想象成压在液体表面的一个重物，它将分子固定在原地。当这个重物很重（气压高）的时候，液体分子需要很多能量才能变成气体。当这个重物很轻（气压低）的时候，液体分子变成气体所需要的能量就少一些。

我们还是以水的沸点为例。大多数人生活在海平面上，那里的气压相对稳定。在海平面上，水的沸点是 212 ℉

表面张力

在液体中，分子被其他分子包围。每一个分子都对周围的分子施加分子间引力，这个力在所有方向上都是相同的。

在液体表面，情况则有所不同。液体表面的分子暴露于空气中，不会受到来自上方的分子间作用力。这些表面分子没有被空气吸引或吸附。然而，来自液体内部分子的分子间作用力将表面的分子"拉"向自己（即容器中的液体内）。因此，表面分子承受的分子间作用力与容器内分子不相等。这种情况会在液体表面产生一个强大的力，化学家称其为表面张力。

类似的情况发生在你用吸管吸气从而夹起一张纸的时候。吸气所产生的力足以在吸管末端创造一个"黏性"表面。与之类似，液体内部的分子拉扯表面分子的力足以在液体表面上创造出一个强韧而紧绷的张力层。

水的表面张力非常强大，你甚至可以让一个回形针漂浮在一杯水的表面上（前提是你小心一些）。表面张力足以支撑回形针的重量。

（100 ℃），但是美国科罗拉多州的丹佛市所在之处的海拔是
5 200英尺（1 600米），因此这里的气压更低。在丹佛市，水在
203 ℉（95 ℃）就会沸腾，这是将液体分子固定在原地的气压
更低的缘故。

出汗——一个蒸发的过程

所有人类都出汗。实际上，所有的哺乳动物——包括狗、
马和黑猩猩——都以某种形式出汗。出汗，或者说排汗，是身
体利用蒸发的过程来调节其温度和气味的方式。

出汗的时候，我们的身体通过皮肤中特殊的腺体产生一种
含水、有咸味，有时有臭味的体液。腺体是制造和释放激素和
其他体液等特殊物质的器官。人类有两种汗腺，两者都利用蒸
发，但每种腺体有不同的用途。

人体的整个表面都覆盖着许多有顶端分泌小管的汗腺，在
手掌、脚底和前额处尤为密集。这些汗腺被称为外分泌汗腺，
它们产生和释放汗液以调节体温。

在我们出汗的时候，水会从皮肤表面蒸发。因为水从液相
变成气相需要很多能量（热量），所以当汗液蒸发的时候，实际
上会从人体中带走一些能量（热量）。这就是科学家们所说的吸
热反应。吸热反应会吸收能量。在出汗的过程中，液态水分子
从人体或者周围的空气中吸收足够的能量（热量），以打破它的
氢键并变成气体。然后水分子蒸发，进入空气中，并将额外的
能量（热量）一起带走。最后，这个过程从身体中带走热量，
从而产生降温的效果。

小汗腺通过蒸发来给身体降温，而顶浆汗腺（大汗腺）主
要通过蒸发来排出异味或者香味。顶浆汗腺在人的腋下和生殖
器附近产生含油脂且异味强烈的液体。当汗液从这些区域蒸发
时，气味被带入空气中变成气体。

图 4.2 正在出汗的运动员

注：随着这位运动员的汗液蒸发，她会觉得更凉爽，因为蒸发是一个吸热反应，蒸发的汗液会从她的身体中吸热。

在人类身上，汗腺中发出的异味并不总是好闻的（虽然在某些情况下有些人可能会对此有异议）。但是在自然界，动物通过蒸发产生的特有的气味可以作为一种个人身份识别的手段。很多动物，包括人类，能够通过这些个体化的气味来辨认彼此。

雾—— 一个凝结的过程

在一个寒冷的早晨，你走在街道上，或许是去赶公交车或是去上学，你会发现很难看清前面的事物。这是因为前一天晚上有雾形成了。

雾实际上是云的一种形式。雾的独特之处在于它形成于地面或地面附近。和所有的云一样，雾的形成也是凝结的结果。

有一种类型的雾通常出现在夜里或者清晨这种湿度相对较高的时候。当温度下降，空气中的水汽凝结成水滴，以雾的形式出现在地面或近地面。其他类型的雾则出现在山的上部、湖面或河面上以及海岸线附近。

变化幅度

我们对冰的融化及液态水的沸腾和凝固最为熟悉。这些相变随处可见。然而，其他物质的熔点、沸点和冰点的范围相当广——从超级热到超级冷。下面是一些常见物质的相变关键温度。

表 4.1　沸点、熔点和冰点的例子

物质	变成气态的温度（沸点）	变成液态或固态的温度（熔点或冰点）
水	212 ℉（100 ℃）	32 ℉（0 ℃）
酒精（乙醇）	172 ℉（78 ℃）	−272 ℉（169 ℃）
蜡	约 700 ℉（371 ℃）	约 137 ℉（57 ℃）
盐	2 669 ℉（1 465 ℃）	1 474 ℉（801 ℃）
金	5 085 ℉（2 807 ℃）	1 947 ℉（1 064 ℃）
不锈钢	不适用	2 781 ℉（1 527 ℃）
钻石	8 721 ℉（4 827 ℃）	6 422 ℉（3 550 ℃）

第 5 章

熔化和冻结

　　熔化是固体变成液体的过程。冻结是熔化的相反过程，是液体变成固体的过程。

　　在炎热的夏日午后吃过冰淇淋甜筒的人都很熟悉融化现象。冰淇淋滴答淌下，冰棒化成液体，冰块在一杯水中慢慢融化。同样地，任何曾把制冰格装满水放进冰箱里的人，对于冻结都有一些了解。我们利用冻结水来给饮料和食物降温，甚至穿着滑冰鞋在冰上滑行。

　　物质究竟何时熔化或者冻结完全取决于温度，这并不是什么让人意想不到的事。和其他一些相变不同的是，压强在熔化和冻结中起到的作用较小。温度，也就是固体或者液体中所蕴含的能量，才是最关键的因素。

　　当构成一个固体的分子得到了足够的能量，克服了将其固定住的力，这个固体就会熔化成液体。与此类似的是，当构成液体的分子失去了足够多的能量并减慢运动速度时，液体就会冻结成固体。我们将在本章进一步了解影响固体中分子的能量和力，以及它们在熔化和冻结过程的变化。

固体中分子的能量

固体中的粒子比液体或气体中的粒子拥有的能量更少，但是它们仍然有一些能量。无论在任何的物态中，这份能量都等同于这些粒子的运动能力。即使在固体——排列最紧密、有序、僵硬的物态——中，粒子都在不停运动着。

就固体而言，它的粒子不会到处自由流动；它们在固体结构的内部震动着。每个粒子在固体内都有自己固定的空间。在这个空间里，每个构成该固体的粒子都在前后、上下震动着。甚至在一个固体看似完全静止而僵硬的时候，比如岩石或者混凝土，它的粒子都是在运动着的。只是这些运动过于细微，我们在常规条件下无法看到。

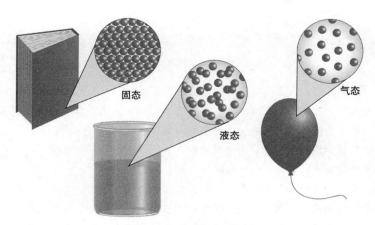

图 5.1　三种常见的物态

注：固体中的粒子比液体或气体中的粒子排列更紧密。

固体的分子震动速度取决于它们所含的能量。这个能量是用固体的温度，或者说是平均动能，来衡量的。当固体冷的时候，粒子震动得慢；当固体暖的时候，粒子震动得快。如果固体的温度上升到某个特定的点，粒子会获得足够的能量，从它们的固定位置逃脱，并以液体的形式自由流动。（即便物态发生变化，粒子的性质仍然保持不变。）相反，当液体中的粒子失去足够多的能量时，它们就不能再自由流动，分子结构就有了一个固定的位置。

固体变成液体时的温度被称为该固体的熔点。有些固体在相对较低的温度就会熔化。冰在 32 ℉（0 ℃）或者更高时熔化。其他固体需要更高的温度才能熔化。比如固体的金子，在接近 2 000 ℉（1 100 ℃）时才会熔化。

一个物质的熔点和它的凝固点自然是一样的（因为冻结是熔化的相反过程）。水在 32 ℉（0 ℃）或者以上熔化，在同样或更低的温度下冻结。在很多时候，化学家们使用"熔点"这个词比使用"凝固点"更频繁，但是这两个词的含义实际上是

钨

熔点最高的元素是钨。这种坚硬而沉重的灰色金属要到 6 192 ℉（3 422 ℃）才会熔化。

这一独特属性使钨成为一种制造高温下使用的材料的理想金属。灯泡的灯丝是用钨制成的。一些被用于建造航天器、航空发动机和焊接工具的材料完全是用钨做成的，因为这种金属耐热而坚固。

最近，钨被用于制造珠宝。它常被用于制造结实耐用的结婚戒指，或许用钨制作结婚戒指是因为其持久性的特点符合人们对婚姻长久的期待。钨非常坚固，钨制珠宝永远不会有划痕，也不需要抛光，显然也没有熔化的危险。

一样的。

　　和其他相变一样，固体如何变成液体或者液体如何变成固体取决于固体分子之间的相互作用力。较强的相互作用力需要更高的熔点形成液体，而较弱的相互作用力则需要较少的能量。尽管化学家们根据不同的相互作用力对固体进行分类，但实际上只有两种方法来熔化一个固体：改变将固体结合在一起的离子键或者共价键。

固体中的力

　　固体中的粒子之间可能存在略有不同的相互作用力。离子固体、金属固体、网络原子固体、分子固体和非晶态固体，都用一种不同的力或者几种力的组合，来把分子或原子结合在一起。

　　在固体中，实际上只有三种方式可以在粒子之间形成力：得电子、失电子或者共用电子。在得电子或失电子时形成的力叫"离子键"；原子共用电子时形成的力叫"共价键"。

　　离子键和共价键对于熔化很重要，因为依据固体的粒子间相互作用力的不同，固体的相变也是不同的。每种类型的固体都有自己独特的熔化和冻结过程以及性质。

改变离子键

　　当一个由离子键形成的固体熔化的时候，离子键实际上会被打破，粒子在新形成的液体中重组。当液体冻结时，实际上是在固体内形成了新的离子键。

　　当一个原子从另一个原子那里得到一个电子，或者将自己的一个电子给了另一个原子的时候，离子键就形成了。记住，失去一个电子的原子失去了一个负电荷，变成了一个带正电的阳离子；得到电子的原子得到了一个额外的负电荷，变成了一个带负电的阴离子。

阳离子和阴离子之间的吸引力创造了一个将离子结合在一起的强力。虽然不同离子的正电荷端和负电荷端紧密地键合在一起，但是它们仍然在运动。这份能量使阳离子和阴离子可以在固体内震动。

随着固体温度上升，阳离子和阴离子获得更多的能量。随着它们吸收的能量越来越多，震动也越来越厉害。在固体达到熔点的时候，运动的能量比将阳离子和阴离子吸引到一起的能量更大，离子键就断裂了。离子们分离开来，以液体的形式自由移动。

随着液体的温度降低，自由流动着的阳离子和阴离子会失去很多能量，运动的速度会变慢。当液体失去更多的热量，阳离子和阴离子之间的吸引力变得比运动的能量大，带电粒子结合在一起，形成新的离子键。如果有足够多的离子键形成，而温度又足够低，就会形成离子固体。

因为离子键的力很强，所以熔化和冻结并不像听起来的那么简单。含有离子键的固体一般都有很高的熔点，因为要克服阳离子和阴离子之间的吸引力需要很多能量。

当一个离子固体熔化成液体时，该液体含有很多自由漂浮着的阳离子和阴离子。这些带电离子赋予这个液体一个独特的性质：导电的能力。阳离子和阴离子能够来回移动，"载着"电荷穿过液体。这些液体被称为"良导体"。

改变共价键

当两个都需要得到电子而保持稳定的原子共用电子（往往是它们能量壳层的最外层电子）的时候，共价键就形成了。这两个原子之间并不是一个原子将电子给另一个，而是两个原子重叠，并共用仍然受制于自己的电子核的电子。当由共价键形成的固体熔化或者冻结时，形成分子的共价键的强度比分子间力的强度大。

共价键创造出一个很强的力，将单个原子紧紧地结合在一起，形成一个分子。这些共价键合的分子可以通过分子间力结合在一个固体中。当这个固体受热，这些共价键合的分子不会受到影响，但是分子之间的分子间力会发生变化。

随着该固体温度上升，每个分子获得的能量越来越多。当单个分子的能量比将它们结合成固体的分子间力大的时候，单个分子就会逃离，而固体就会变成液体。

随着液体温度降低，每个分子都失去越来越多的能量。当单个分子的能量比将这些分子结合成液体的分子间力小的时候，分子间力就会占据上风。随着温度下降，分子的运动越来越少，液体就变成了固体。

由于分子间力相对较弱，所以要打破它们不需要很多能量。和含有离子键的固体不一样，共价键合的固体的熔点一般

冻 疮

冻疮在人的皮肤冻结时出现，在手、脚、鼻子和耳朵等部位更为常见，但是任何长时间暴露于极寒温度中的皮肤都会得冻疮。皮肤会变硬、发白、冰凉，但是被冻结后并不会感到疼痛。疼痛出现在皮肤开始解冻软化、被冻部位恢复知觉的时候。刺痛、灼烧的疼痛感及红色水泡都是常见症状。

要治疗冻疮或疑似的冻疮，需要让患者的被冻部位慢慢地暖起来，让其饮用温热的液体以补充冻结时流失的体液。如果被冻部位不能在解冻软化后立刻保暖，则最好等到能保证稳定的温暖条件后再进行处理。反复冻结一个身体部位会造成更大的伤害。

在严重冻伤的情况下，下层的组织和血管可能也会冻结。在这种情况下，组织、肌肉、神经和骨头可能会受到永久性的创伤。在严重情况下，患处可能需要被截肢。

都很低。

此外，共价键合的液体中没有自由漂浮的带电粒子，相反，它们包含紧密结合、自成一体且呈电中性的分子。所以，由共价键合的固体形成的液体的导电性很差。这些液体是良好的绝缘体。

在大自然中"保存"东西

熔化和冻结都不是会非常频繁地自然发生的相变，这是因为它们往往需要消耗很多能量。与一直在自然界中发生着的蒸发和凝结不同，熔化和冻结则更多地出现在特殊的场合。（然而雪是一个例外。）在很多时候，熔化和凝结被用于在大自然中保存东西，包括地球上的水、其他行星上的气体和冻河中的鱼。

你有没有想过，冬天里冻结了的河流、湖泊中的动物会怎么样呢？很久以前，科学家们曾经以为海洋动物能在冬天冻住、在夏天解冻，但是现在我们知道事实并非如此。比如，很多鱼和龟发展出了一些方法，能在冬天近乎冰冻的环境中避免冻结并"保存"自己。

以常见的鳄龟（Chelydra serpentina）为例。这种体型巨大的淡水龟生活在加拿大南部和美国东北部地区，这些地方冬

图 5.2　冬眠的鳄龟

注：鳄龟将自己埋在柔软的泥土里，以便冬眠。它们的身体代谢减缓，通过皮肤吸入氧气。

天的气温能轻易降到冻结温度以下。在冬季，当这些乌龟生活的池塘开始冻结，它们就会进入冬眠状态。和其他变得非常冷的物质一样，它们身体里的所有分子和器官都会减缓到最小的运动。

这些龟的心脏每几分钟才跳动一次，身体几乎完全没有运动。它们不需要吃东西，通过特殊的皮肤细胞呼吸，从水中吸收氧气。事实上，这些龟没有被冻结，因为没有发生离子键和共价键的重组，但是它们已经在最大限度上接近冻结。这是大自然帮助各种生命形式适应寒冷环境的方法。

第 6 章

升华和凝华

　　升华出现在固体直接变成气体的时候。与升华相反，凝华发生在气体直接变成固体的时候。在这两种相变中，物质的液相被完全跳过。和先从固体变成液体然后变成气体的这种更常见的过程不同，固体会直接变成气相，反之亦然。

　　干冰可能是日常生活中最常见的升华的例子。你可能在万圣节聚会的果汁中或者有特效的魔术表演中见过这种冒着烟的白色大"冰"块。在自然界中，当气温较低时，空气中的水蒸气会直接凝结成固态冰晶，通常称为霜，凝华就发生了。

　　升华和凝华只在温度和压力都非常低，低于科学家们所说的"三相点"时才会发生。三相点是使一种物质呈现出固态、液态和气态的可能性相同的温度和压力。因为大多数物质三相点的低温和低压在日常生活中都不常见，所以这两种相变在地球上并不会频繁发生。本章将进一步探讨气体中分子的能量、它们施加的力以及它们在升华和凝华过程中的变化。

气体中分子的能量

气体分子有很多能量。这让它们可以快速运动并克服任何可能导致它们减慢速度的分子间力。液体分子碰撞时会转移很多能量，但是气体分子之间的碰撞是有弹性的。弹性碰撞是一种分子发生碰撞但是总能量保持不变的碰撞。有些气体分子能量高，有些气体分子的能量低。当气体分子发生碰撞时，它们不断地在彼此间转移能量。

气体分子一直在运动。它们有动能（由于运动而具有的能量）。温度当然是影响单个气体分子能量等级的一个关键因素。气体的动能取决于该气体的温度。通过提高密闭容器中的气体温度，就可以提高该气体的动能，从而提高分子的运动速度。通过降低气体的温度，就可以减小该气体的动能，减慢分子在容器中的运动速度。

气体受热时会膨胀——随着温度上升，分子之间的距离会越来越远。气体冷却时会收缩——随着温度下降，分子之间的距离会越来越靠近。当温度降到足够低，气体分子间就会靠得足够近，速度也变得足够慢，使得分子间力开始占据上风，气体就会凝结成液体。反过来，如果给液体增加足够的热，它就会蒸发成气体。

升华和凝华相变发生在温度和压力同时作用的时候。因为气体分子有很多能量，它们一直沿直线快速运动着，直到它们撞到一些东西为止。当气体分子撞到容纳它们的容器壁时，它们会对这个容器壁施加压力。

容器的大小自然也会影响气体的压力。为了适应所有的容

测量气压

气压计是用于测量气压的仪器。传统的气压计使用的是一根装有水银的封闭垂直长玻璃管。长管开放的一端被放置在一碗水银中，大气压力作用在水银表面上，使液体上升到管子中，直到水银柱的压力等于碗上的大气压力。水银柱的高度给出气压的读数。

很多现代气压计使用不同的材料（已知水银对人类毒性很强），但是工作原理基本都是一样的。这些仪器往往被用于预测天气，区别高压和低压天气系统。高压天气系统意味着好天气要来了，低压天气系统则意味着风暴更有可能发生。

图 6.1　使用与水银气压计相同的原理来测量气压的现代气压计

器——一个瓶子、一个盒子、一个房间或者一个星球的大气层，气体分子会膨胀或者收缩。一般来说，气体分子会远离彼此，分子间留有很大的空间，但是这个空间的大小会根据容器的大小而改变。

想象一下：一个房间里有 100 个气体分子，然后把这 100 个气体分子装进（或者挤进）一个汽水瓶里。因为气体是可压缩的，所以可以做到。在这个更小的容器中，这 100 个气体分子所拥有的活动空间比在房间里小很多。相比于在房间里撞到墙壁的频率，这些快速运动的分子撞到瓶壁的频率会高很多，从而增加汽水瓶中的气压。如果这个汽水瓶变得更小——对于里面现有的分子来说真的很小——气体就变成液体，或者在很低的温度下，会变成固体。当气体直接变成固体的时候，凝华就发生了。

气体中的力

与液体、固体不同，气体没有将分子结合在一起的力。事实上，气体分子之间根本没有什么吸引力。唯一将气体分子结合在一起的东西就是将它们包裹住的容器的形状。（在大气中，各种气体因受到地球的引力而围绕地球。）容器中分子的行为不依赖于任何特殊的原子或分子间的力，温度和压力反而才是最重要的因素。

在凝固的过程中，气体分子速度变慢，被在液体中发挥作用的分子间力压制。在升华和凝华的过程中，温度和压力条件极端，以至于液相被完全跳过。

想象你把 100 个漂浮在房间里的气体分子装进一个很小的空间里，比如一粒盐的内部空间。这个盐粒内部的压力将会很大，这些分子被迫和彼此近距离接触。

在有些物质中，这样的压缩将导致凝结，迫使分子像液体中的分子一样互相作用。凝结的这种加压处理也能制造出一种称为"超临界流体"的物质，这是一种行为不同于一般液体，又同时具有液体和气体性质的液体。

在其他物质中，这些分子被迫和固体中的分子一样相互作用。极端的压力能迫使分子不变成液体，而按照刚性固体中的方式组织起来。只有当温度和压力都极低，低于一个物质的三相点的时候，这种情况才会发生。

任何指定物质的三相点都是最容易从相位图中辨认出来的。相位图所展示的是一种指定材料在所有可能的温度和压力下的物态。温度沿图表的横轴（x 轴）列出，压力沿图表的纵轴（y 轴）列出（如图 6.2）。

有了既定的温度和压力，这个图表就能给出该物质将以什么物态存在。相位图用字母"A"来标记一个物质的三相点。

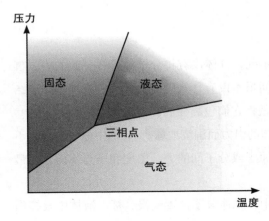

图 6.2 三相点

注：在三相点上，一个特定的物质可以以固体、液体或气体的形式存在。压力或者温度的轻微变化都能改变该物质的物态。

在这个"A"以下，一个物质的固相、液相和气相都能存在。只需要温度和压力的一点微小变化就可以改变相。

大多数物质的三相点都不在普通情况下出现。以水为例，水的三相点温度没什么不寻常的——仅高于它的凝固点。但是水的三相点压力极低——0.006 个大气压——这个压力水平只存在于外太空。

在这个三相点压力下，液态水无法在不改变温度的情况下存在。相反，受热的冰会跳过液相阶段，在升华相变中直接从固体变成气体。当水蒸气遇冷，它会直接跳过液相，在凝华相变中冻结成冰。

升华和凝华的实际过程

大多数分子的升华和凝华通常不会发生在地球上。科学家们能在实验室里使这些相变在受控条件下发生，但是它们几乎没有什么用处。

但是，有一种普通的分子确实会在地球上经历升华和凝华：二氧化碳。二氧化碳（CO_2）以气体的形式存在于大气中，并以固体的形式存在，被称为"干冰"。

图 6.3　干冰周围形成的水蒸气
常被用于制造戏剧化效果

　　干冰的升华一直在常温常压下发生着，制造出二氧化碳气体。随着固体中的分子获得能量，它们的运动会变多，多到足以打破固相。但是，因为液态二氧化碳只在极低的压力下形成，所以在地球上，干冰会直接升华成气相。

　　二氧化碳气体的凝华只能在人类的帮助下发生。二氧化碳气体被压缩成液体后冷却，然后让这个液体在常压下膨胀。这种膨胀发生得极快，导致很多能量，或者说热量损失，而一些二氧化碳气体会凝固成雪一样的晶体。然后这些雪片积累成干冰。

　　干冰似乎有两个主要用途：保持物体的低温和制造戏剧效果。因为冻结的二氧化碳的温度非常低，为-109 °F（-79 ℃），所以在没有冰箱的时候，它常被用于保持食物和饮料的低温。同时，干冰块会不断释放出浓雾一样的白色蒸气，常被用于制造特效。

　　但是干冰中排出来的二氧化碳气体其实是透明无色的。当

升华和凝华　**53**

超临界二氧化碳

超临界二氧化碳是存在于极端高温高压下的二氧化碳。在这些条件下，二氧化碳变成超临界流体，兼具气体和液体的一些性质。超临界二氧化碳可以作为很好的溶剂，为人类所用。

溶剂是溶解固体、液体和气体的流体，将这些物质分解。许多溶剂被用于清洁剂和去污剂中，以去除多余的物质。化学溶剂十分有用且用途广泛，但是很多被认为是有毒或对环境有害的。

超临界二氧化碳被认为是"绿色"溶剂，因为它只由天然存在于地球的二氧化碳构成。目前，超临界二氧化碳被用于去除咖啡豆中的咖啡碱、为香水提取新的气味和清洗衣服。

这个冰凉的气体和空气中自然存在的水蒸气互相作用时，另一个相变就发生了。低温使空气中的水蒸气凝结成液体——就是这个过程会产生浓雾一样的白色蒸气，因其神秘的外观和质感而倍受重用。

第 7 章

其他的物态

固态、液态和气态是化学界公认的三种物态。但是，近来有一些科学家认为还有其他物态的存在。每个"新"物态都是原来的三种物态的某种变体，但是有些物态比其他物态更容易被科学家们接受。本章将介绍几种其他的物态。

等离子体和玻色–爱因斯坦凝聚是较广为接受的第四种和第五种物态，而本章中介绍的其他概念则更有争议。它们有时被认为是物态，有时则被看作是传统固体、液体和气体的特殊种类。

第四种物态：等离子体

等离子体是电离（或带电）气体。等离子体和传统的气体一样，并没有固定的形状和容量，而且会弥散开来，按照容器的形状充满其中。同样地，它的分子和原子是彼此远离且快速移动着的，而且不被以任何特殊的方式组织起来。

因为等离子体和传统气体有这些相似之处，所以有些人认为它们是一种特殊的气体，而不是一种单独的物态。但是它们的相似之处也就仅此而已。科学家对等离子体和它的独特性质的了解越多，认为它是一种新的物态的人就越多。（注：在这种情况下，等离子体态与血浆完全没有关系①。）

等离子体中的能量

在分子层面上，等离子体比任何其他物态拥有的能量都多。这份能量来自热量、大气中的电或太空中的光，它赋予了等离子体中一些绕着原子和分子转动的电子足够的能量，使其摆脱它们原本的原子核，在气体中自由漂浮。这些自由漂浮的电子使气体电离（带电），也是等离子体许多独特性质的成因。

首先，电子使等离子体能很好地导电。气体中的带电粒子能在运动的时候携带其他电荷，使电能轻松地通过等离子体。这种强导电性继而使等离子体能够像电场和磁场一样产生作用和发生反应。

电场是一个对其他粒子施加作用力的带电粒子周围的空间。在等离子体中，移动的电子周围的空间对其他粒子施加作用力，形成电场。磁场是一种会对其他移动的带电粒子施加作用力的属性。在等离子体中，带负电的电子能对其他运动着的粒子施加作用力。当这种情况发生时，我们就说这个等离子体"被磁化"了。

尽管等离子体有作为电场和磁场的能力，但是任何等离子体本身都被视为电中性的。在等离子体中，带负电荷的电子和带正电荷的离子（当电子从原子分离出来并使气体电离时产生

---

① 等离子体的英语"plasma"还有"血浆"的含义。——译者注

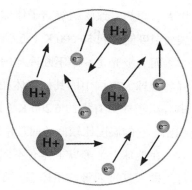

图7.1 等离子体中的粒子

注：在等离子体中，电子从原子中被剥离出来，变成自由漂浮的粒子。

的）大致是一样多的，使它对其他物质来说是电中性的。

除了这些一般性质，每个等离子体的特征取决于每种被电离的气体的温度和浓度。有很多种不同类型的等离子体。实际上，它们是宇宙中最常见的物态。

等离子体在哪里？

等离子体最早是在19世纪晚期被科学家们发现并加以描述的，但是直到1928年才有了名字。从某些方面来看，等离子体的确认花了这么长时间是件很有意思的事，因为现在宇宙的很大一部分都被认为是等离子体。

据有些专家估计，可见宇宙超过99%都是由等离子体构成的。太阳、星星和其间的所有空间都是不同种类的等离子体。闪电和闪电球① 也是不同种类的等离子体。甚至星系与星系之间的空间也都充满了等离子体。

为了了解不同等离子体的温度和浓度范围，我们来比较一下星球和在北极上空闪烁的北极光（也叫北极圈极光）。星球是

---

① 闪电球：俗称球状闪电，通常出现在雷暴天气，呈彩色圆球状，可以在空气中自主移动，能在短时间内造成很大破坏。因为这种现象并不多见，所以目前还没有较为确切的研究结果。——译者注

极大、炽热、致密的等离子体球。大的星球有巨大的引力，其表面温度能达到 50 000 K（近乎 90 000 ℉或 50 000 ℃）。

而北极光是一串不断冷却的等离子体，它从太阳表面脱出并与地球大气层中的其他气体相撞。当它脱离太阳的时候，这串等离子体只有大约 6 200 K（11 000 ℉或 6 000 ℃）。与星球相比，它的温度比较低，而且密度也低得多。

在地球上，等离子体有不同的用途。我们用电来激发荧光灯里的汞气进入等离子体态，在这种物态下，高能电子会释放出光。我们用电激发霓虹灯中的氖气或氩气进入等离子态，发出彩色的光。等离子电视是由两块中间夹着混合气体的玻璃板构成的，用电激发这些气体进入等离子态，制造出可见光。

核聚变能源

核聚变能源是一种通过聚合原子核产生能量的方法。在这个被称为核聚变的过程中，两个或多个原子合并成一个原子核。这个最后形成的原子核的最终质量小于原本的原子质量总和。"损失"的质量被转化成能量。

虽然合并原子需要耗费大量的能量，但是这一过程实际释放出的能量比产生它所需的能量要多。为了合并原子核，它们撞击时必须携带高于维系自身形态所用的能量。原子核内的力比任何分子间作用力或化学键都更大，所以要花费很多能量才能使原子核聚合到一起。

在自然界中，这些撞击只发生在高能等离子体中，主要存在于星体中。星体的核心是核聚变能源中心，使用高热合并氢原子的原子核形成氦原子。当合并发生的时候，能量以光的形式被释放。核聚变反应发出的光就是我们看到的夜空中明亮的星星。

在地球，科学家们正在研究将等离子体作为核聚变反应的能量源。从理论上说，如果我们能理解如何让原子核在受控条件下合并，那我们就能制造出大量可被用于发电的能量。

第五种物态：玻色-爱因斯坦凝聚

玻色-爱因斯坦凝聚（Bose-Einstein condensate，缩写为BEC）是一种超冷、超低速运动着的原子凝团。从某种意义来说，玻色-爱因斯坦凝聚与等离子体相反。等离子体是被高度激发的高能气体，而玻色-爱因斯坦凝聚是超低速、低能的液体。与自然存在于整个宇宙中的等离子体不同，玻色-爱因斯坦凝聚在自然条件下并不存在。

玻色-爱因斯坦凝聚中的能量

在实验室中制造玻色-爱因斯坦凝聚的关键在于温度。这种物态只存在于接近绝对零度的超低温中。在绝对零度（0 K，−459 °F或−273 °C）下，所有的分子运动都停止，在物质中没有热能剩余。科学家们能在实验室中创造出比绝对零度只高十亿分之几度的温度。

在这样的低温下，原子开始展现出奇特的行为。这种物态被称作"凝聚"，因为它是由分子的一种凝聚形成的。在常温下，分子存在于自己的小空间里；在接近绝对零度时，这些分子则会凝聚并结成团，形成科学家们所说的"超原子"。

毫不奇怪，这些超原子会使玻色-爱因斯坦凝聚产生一些不寻常的性质，而很多这些性质现在还没有被完全理解。最有意思的性质之一就是这些液体能自发地从它们的容器中流出来。

玻色-爱因斯坦凝聚以其最低的能量状态存在着。也就是说，它们无法再失去更多的能量，即便它们撞上了什么——包括其容器壁。一般的液体会停留在其容器中，是因为当它的分子撞到容器壁的时候，它们会失去一些能量。这种能量损失足以使重力成为作用于液体的主导力量，把液体固定在它的容器中，而玻色-爱因斯坦凝聚却不一样。

因为玻色–爱因斯坦凝聚没有多余的能量可以损失，所以撞到容器壁上并不会带走能量，相反，其分子会被构成容器壁的分子吸引。这种吸引力，或者说黏附力，足以克服重力。在这种情况下，黏附力是主导力量，所以玻色–爱因斯坦凝聚会自发地从容器中溢出，并在外部周围集聚起来。

如果在一个受控的、接近绝对零度的环境中没有出现这样的溢出现象，那么玻色–爱因斯坦凝聚就会直接蒸发，变回气体并消失。接近绝对零度的温度在自然界中并不存在，要在实验室中创造出来也很难，但这是可以做到的。

玻色–爱因斯坦凝聚在哪里？

阿尔伯特·爱因斯坦（Albert Einstein）在 1925 年研究原子物理和印度科学家萨特延德拉·纳特·玻色（Satyendra Nath Bose）工作的时候，最早预测了玻色–爱因斯坦凝聚的存在。但那时爱因斯坦没有制造玻色–爱因斯坦凝聚所需要的技术。

在 70 年后的 1995 年，科罗拉多大学博尔德分校（University of Colorado at Boulder）的两名科学家埃里克·康奈尔（Eric Cornell）和卡尔·维曼（Carl Wieman），在实验室中使用光和磁铁第一次制造出了已知的玻色–爱因斯坦凝聚。

轰击原子的激光像一阵阵冰雹一样。被称为光子的极小光束，像冰雹一样从四面八方轰炸原子。最后，光子的力使原子慢下来，慢到近乎停止。与此同时，磁铁将能量更高的原子吸走，只留下缓慢移动着的原子。随着时间的推移，如果收集到了足够多的慢慢移动着的原子，它们就会凝聚成我们所说的玻色–爱因斯坦凝聚。

由于玻色–爱因斯坦凝聚太难制成和维持，而且其性质还没有被完全理解，所以这种物态还没有很多商业用途。它主要被科学家们用来在实验室里研究量子力学（量子力学是研究原子和亚原子粒子的科学）。

萨特延德拉·纳特·玻色

大多数人都熟悉阿尔伯特·爱因斯坦的名字，但可能很少有美国人听过萨特延德拉·纳特·玻色。玻色和爱因斯坦一起用数学计算预见了玻色–爱因斯坦凝聚。虽然没能证明它，但是他们建立了证明其存在的数据基础。

玻色出生于印度加尔各答，拥有灿烂的一生。他家庭幸福，出身名校，在印度的大学里担任讲师。

玻色曾因为一个数学错误没能发表一篇关于微观粒子的实验观测论文。起初，玻色以为这个错误真的是一个无意间的失误，但是因为计算与他的观测是一致的，所以他开始认为这根本不是一个错误，相反，它表明当时对微观粒子的科学思考是错误的。

多份学刊拒绝发表这篇有数学错误的论文，也不接受玻色说科学有误的另类解释。或许是出于懊丧，玻色把自己的论文寄给了阿尔伯特·爱因斯坦。爱因斯坦立刻意识到了玻色想法的重要性。爱因斯坦自己撰写了论文来陪衬和支持玻色的论文，并将两篇论文一起递予权威学刊，最后两篇论文于 1924 年发表。

图 7.2　萨特延德拉·纳特·玻色

有时是物态

物态的定义并不像看起来那么死板。有些物质不会完全属于某个特定的状态，而且它们也不一定是不常见的物质。比如蛋黄酱，它是什么物态呢？它有点像固体，但也有点像液体。

这些不明确的物质状态往往会引发科学家之间的辩论。有人认为这些中间相是固态、液态和气态的补充形式，而其他人更愿意将它们划分为完全独立的物态。

虽然等离子体和玻色-爱因斯坦凝聚是被广泛认可的"新"物态，但是还有几个相仍然徘徊在大众认可的边缘。这些物质并不完全符合传统的物态类别，以下将对它们进行介绍。

液晶

液晶是介于液态和固态之间的物质。液晶里的分子呈现有序的晶状结构，但能像液体一样流淌和运动。科学家们根据分子的定向方式对液晶进行归类。

人类应用液晶的方式有很多种。在常见的 LCD 显示器中，LCD 代表"液晶显示器"（liquid crystal display）。这些显示器中的每一个有色的点都是穿过一层薄薄的液晶的光。当电穿过这个液晶层的时候，液晶结构会被旋转和扭曲，从而反射出不同颜色的光。LCD 显示器之所以格外受欢迎，是因为它们只需要很少的能量就能运作。

大自然也使用液晶。蜘蛛吐出来结网的蛋白质溶液，也就是蛛丝，实际上就是一种液晶。这种网的强度是众所周知的，而它所依靠的就是液体丝中分子的晶状结构。

细胞膜是包裹着生物的细胞的保护层，主要由液晶构成。细胞膜保护细胞，同时让自己在必要的时候可以流动和拉伸。

图 7.3　被应用在很多常见物品中的液晶显示器（LCD）

超液体和超固体

超液体是一种可以在密闭的环中无限流动的液体。有些元素，最明显的就是氦（He），在接近绝对零度的温度下，会变成超液体。这种相被认为是另一种液相，而且人们自从 20 世纪 30 年代后期就已经认识到了这种相，但现在对它仍然知之甚少。

超固体实际上是一种具有传统固体的晶状结构的超液体。在超固体内部，原子以超液体的形态运动和流淌着，但是在外部，该物质仍保持着它的形状。超固体的存在已经在理论上被预测到，而且被认为已经于 2004 年在实验室中制成，但是从那时起，人们对于它们的发现一直存有怀疑。

第 8 章

家庭中的相变

相变不只发生在地球的水循环这样超大规模的活动中，它们时刻在我们身边发生着。在家里走上一圈，你很可能就会发现几乎每个房间里都在发生着相变。

我们利用物态的变化使我们的生活更舒适。我们周围有很多，尤其是家里的现代便利设施，都依赖于变化的物态。本章将带你去看一看你身边的一些相变。

空气中的相变

如果你生活在一个天气非常炎热或者非常寒冷的地方，那么你可能会有一些设备来调节家里和车里的气温。空调和某些类型的加热器利用特定的物态变化过程中释放出的能量来调节温度。

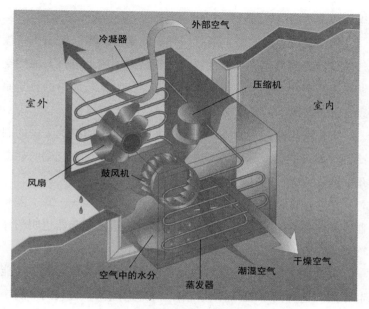

图 8.1　空调示意图

注：空调利用蒸发和凝结的原理来给房间降温。

空调

　　传统的空调利用蒸发和凝结的持续循环去除房间里的热量，并将其排到室外。为了给空气降温，空调的一个部件里装有一种在低温下自然蒸发的气体，这种气体被称为"制冷剂"。制冷剂不断地流过这台机器的三个部件，从液态变成气态，再变回液态。这些部件分别是冷凝器、蒸发器和压缩机。

　　在冷凝器中，制冷剂从气态变成液态。这个过程产生热量，而这些热量通常会被一个风扇从空调的后面吹到外面去。这个相变的目的是要给空调供应液体。

　　然后，这些液体进入蒸发器，在这里会有两个相变同时发生。液态制冷剂膨胀变成气态，释放出冷空气，继而被吹回室内，降低室温。同时，一个风扇把房间里湿热的空气吸进来。

当这些湿热的空气碰到气态的制冷剂时，就会凝结成水滴。

最后，气态的制冷剂通过压缩机回到冷凝器。压缩机将该气体泵回冷凝器里，从而使这个过程持续不断地进行。虽然空调中发生着很多活动，但其实它们都是依靠比较简单的科学原理，而且几乎不需要维护。

工作一段时间后，空调系统（尤其是汽车的空调）中的制冷剂气体可能会耗尽，需要进行补充。基本的窗式空调的耗电量一般比较大，但是它们的工作效果好。

某些地区使用的另一种空调——蒸发冷却器——既不需要制冷剂气体，也不需要很多电就能工作。蒸发冷却器也叫沼泽冷却器，它们利用的是水蒸发的冷却能力。

关键在于蒸发冷却器只在非常干燥、非常炎热的地方才能起作用。这种简单的机器用风扇把外部的热风吹过其内部的一片浸在水中的垫子。热空气导致液态水蒸发成冰凉的气体，然后吹到建筑中。这使房间里充满含水量高的冷空气。

这种冷却器的循环中不需要凝结部件，这是因为热空气在炎热的天气里是源源不断的，所以，蒸发冷却器使用的能量远少于使用制冷剂的传统空调。它们在炎热而干燥的地区十分受欢迎，几乎全年都在使用这种冷却器。

加热器

家用加热器有很多种不同类型，它们的工作原理也不相同。有些加热器利用相变产生热量。你家里使用哪种取暖设备很大程度上取决于你住在哪里，以及那里冬天的天气有多冷。

加热灯可能是一种利用相变的最简单的加热器。在冬季较温和的地区经常可以看到加热灯，实际就是一个反向的空调。它不是把热量从室内移到室外，而是把热量从室外移到室内。

在冬天，室外显然是没有很多热量的，但是加热灯能从冬天寒冷的空气中提取出水蒸气（即便是寒冷的空气中也仍然含有一些水蒸气），然后将其压缩并释放出热量。这个过程中唯一的问题是会产生水滴并凝结，它们会冻结在加热灯的外侧，需要定期解冻。

客厅里的相变

凝华是让你家里的客厅和其他所有地方出现灰尘的相变。灰尘就是大气中始终存在的微小的尘土颗粒，被认为是一种气溶胶。气溶胶是悬浮在气体中的小块固体或液体颗粒。气溶胶可能只是一些粘在一起的分子，但是当它们积累到足够大的时候，就会从气体变成固体。

从技术上说，气溶胶颗粒在以气体的形式漂浮的时候就已经含有少量固体或液体，所以它们在最初就不是纯粹的气体。当这些气溶胶颗粒不断积累，它们会失去使它们成为气体的高能级。凝华会占上风，将漂浮的气溶胶变成聚集在房间中各种物体表面的固体。

浴室中的相变

蒸发和凝结都是浴室中经常发生的相变。你在洗澡、蒸桑拿或者吹干头发的时候，都在改变水的物态。

浴室和桑拿室中的相变

在你洗热水澡的时候，热水的蒸发使房间空气里的水蒸气增多。当温暖的水蒸气在浴室的另一端遇到比较凉的空气的时候，这些水蒸气就会凝结，在各种东西的表面形成液态的水滴。

这个洗澡水蒸发和水蒸气凝结的过程使浴室里的镜子变得"雾蒙蒙"的。镜子和其他冰凉的物体表面上的雾实际上是由小水滴形成的云。

在气候寒冷的地区（包括阿拉斯加和芬兰），一些住宅内设有桑拿房。桑拿有两种形式：干桑拿和湿桑拿。干桑拿不需要用水给空气加热；湿桑拿则利用了水能改变物态的能力。湿桑拿室里的情况和淋浴间很像：热水的蒸发使房间中的水蒸气增多。但是在这种情况下，房间里没有冷空气去引发水蒸气的凝结。液态水反而会变成水蒸气，停留在空气中。

空气中这些额外的水蒸气让人很难利用其自然蒸发的降温方法——流汗。桑拿室的高温会让里面的人出汗，但是由于空气中已经

图 8.2　蒸桑拿

注：因为水蒸气都困在桑拿室里，所以待在桑拿室里的人会因为汗不能顺畅地从身体蒸发出去，从而导致体温升高而持续出汗。

气溶胶的来源

气溶胶是悬浮在气体中的液体或固体小颗粒，既有天然形成的，也有人造的。天然的大气气溶胶来自火山喷发、风暴搅起的尘土、森林火灾、植物授粉、海的浪花等。大气中的大多数气溶胶是自然形成的。

有专家估算大约 10% 的大气气溶胶是人为制造产生的，主要来自燃烧物体。汽车引擎、发电厂、飞机和火车都烧汽油并排出像烟一样的气溶胶。此外，被开垦的荒地和建筑工地会搅起尘土，形成气溶胶。

这些气溶胶对人类健康的影响已经得到了广泛的研究。人类平常就不可避免地吸入气溶胶。根据气溶胶的大小和类型不同，吸入它们会对健康造成有害的影响。人们已经发现哮喘、肺癌及其他肺部和呼吸道疾病与吸入气溶胶有关。

头发中的氢

人类的头发是由一种名为"角蛋白"的螺旋蛋白质构成的。即使有的头发看起来是直的，但所有头发其实都有一点儿卷曲，只是有些类型的头发比其他类型更卷曲一些。有些人花大力气改变自己头发的天然曲直。

头发里的卷曲由氢键形成，但是这些氢键会在遇到水时断开。在炎热潮湿的天气里，空气中有大量水蒸气的时候，人的头发开始展开、变长。水蒸气分解了氢键。在湿度大的时候，卷发看起来卷而蓬，直发则变得平坦。当头发完全湿透，它就会彻底失去所有的卷和弯（以及氢键）。

用吹风机改变液态水的物态并吹干头发，头发中的氢键得以恢复。大多数形成的氢键会自然地出现在头发的角蛋白卷曲中，但是新的氢键也可以形成。当用吹风机或卷发棒把头发弄弯，新的氢键被创造出来，使得头发以新的方式卷曲。没想到科学还能这么时髦呢！

充满了水蒸气，所以人的汗水不能顺畅地蒸发，人体会因此失去调节自身体温的能力。这就解释了为什么即使坐在温度没那么高的桑拿室中，人还是会感觉特别热。

吹风机

吹风机通过快速地移动热空气或者冷空气来加速水从头发上蒸发的过程，从而吹干头发。头发上的液态水分子从移动的空气中获得能量，以水蒸气的形式离开。当所有的液体水分子都蒸发了，头发就干了。

这个简单直接的相变使得两件不同的事情成为可能：方便快速地吹干头发以及做出各式时尚发型。

厨房中的相变

厨房可能是家里运用相变最明显的地方。冰箱、燃气灶和烹饪过程都利用相变来实现很多目的。

冰箱

冰箱的工作方式和空调几乎一模一样。它用冷凝器、压缩机和蒸发器来持续不断地改变制冷剂气体的物态。

当制冷剂气体凝结的时候，会释放出热量，变成液体；当这些液体蒸发的时候，会释放出冷量，并变回气态。压缩机使这些气体在系统中不停运动，并不断地改变它们的物态。在这个过程中产生的热量散入空气中，而冷量则被困在一个与外界隔绝的箱子中。

这个与外界隔绝的箱子就是存放食物的地方。与将冷空气吹入房间里的空调不一样，冰箱会将所有的冷空气都困在一个地方。这样的低温会减缓食物中细菌的生长速度，使剩菜能存放数天而不变质。

在冰箱里长时间存放食物的过程中还发生着另一种相变。当食物被冷冻的时候，食物中的所有细菌生长都会停止；细菌在冰冻的温度下变得不活跃。同时，冻结的过程会改变物态。

对于肉和大多数蔬菜来说，由冻结温度引起的相变很容易通过融化或者解冻逆转。肉中的液体和固体冷冻和融化都不会对它的味道有很明显的影响。同样，大多数蔬菜中的液体和固体冷冻和融化也不会造成什么问题，但是水果就要另说了。

由于水果通常含有大量的水，当它们冻结时，里面的水会变成冰并膨胀。在冻结的水果融化的时候，解冻的液体会收缩，使水果变成被撑松了的糊状。食物的相变很有用，但它们并非在所有情况下都适用。

烤肉架上的相变

常用烤架做饭的人可能会用到一种燃气烧烤架。这种设备利用蒸发将液体燃料（如丙烷）变成气体，然后燃烧该气体，以产生热量来烹饪食物。在这种情况下，被称为蒸发的相变是这个过程的第一步，被称为燃烧的化学反应是第二步。

蒸发在燃气烧烤架中是必要的。燃料以液体的形式储存，既安全又方便。它们被加压储存在一个连到烧烤架的罐中，在接通了烧烤架以后，液体燃料受到的热刚好足以使它蒸发成气体。该气体被轻松点燃，产生用来烹饪的火焰。

点燃火焰的过程被称为燃烧。燃烧是一种化学反应，它将燃料中的元素重组，形成新的分子。燃烧与相变具有根本性的差别，相变通常只是改变物质中的分子间的作用力和能量，而不会制造出新的物质。

燃烧的过程需要三种要素：氧气、燃料和能量。给燃气烧烤架供能的液体燃料中含有碳元素。比如，在丙烷中，每个丙烷分子都含有三个碳原子。当丙烷中的碳被火星点燃的时候，它会和空气中的氧气结合，产生二氧化碳（CO_2）和火焰。人们对烧烤架进行设计，可以控制液态燃气的蒸发量以及所产生的火焰的大小。

车库中的相变

你的车库（或者家里任何一个房间）里的灯里可能有一种转变成等离子体的气体。低耗能的日光灯用电激发汞气，使其进入等离子态。这个新的等离子体含有很多自由漂浮、快速运动着的电子，它们会以紫外光的形式释放出能量。

唯一的问题是紫外光通常对人眼不可见。为了解决这个问题，灯泡的内侧会被涂上一层充满了金属和盐，又常会微微发亮的荧光剂。

这个荧光层会吸收等离子体发出的紫外光，并以一种不同的形式把能量辐射出去，而这种新形式就是可见光。荧光剂涂层中混合的金属和盐控制着新的可见光的颜色。

第 9 章

工业中的相变

有些相变的规模介于发生在你家里和发生在这个星球上的相变之间，那就是工业规模的相变。人类已经学会了在大规模工业尺度上操控相变，创造能改善我们生活的机器和物质。本章将考察每种相变和它们在工业层面上的应用。

蒸发和凝结

蒸汽机可能是在工业生产中占有一席之地的相变的最佳例子。蒸汽机也称外燃机，它将液态水煮沸，产生水蒸气（相变：蒸发）。这些蒸汽被用于驱动活动的部件，然后气体变回液态，以便再次煮沸（相变：凝结）。

在蒸汽机被发明以前，没有用来抽取井水的自动水泵，也没有推动汽车和火车的发动机。自从 17 世纪 60 年代关于蒸汽机的构想出现以后，它们就在不断发展、改进，在有些情况下甚至被代替，但是它们仍然是工业社会的一部分。

早期的蒸汽机

最早被广泛应用的工业蒸汽机是瓦特蒸汽机，于 1765 年发明，利用蒸发和凝结来高效地产生能量。人们用火把一个密闭空间里的水煮沸，从而制造出蒸汽。由于瓦特蒸汽机使用的燃料在发动机外部，所以是外燃机。在这种情况下，火在发动机的外部燃烧。

沸腾的水中蒸发出来、不断膨胀着的蒸汽被导入一个汽缸中，蒸汽推动活塞，使它们动起来。在这个汽缸中，膨胀的蒸汽推动活塞往上走，活塞继而推动横梁或者齿轮进行作业。

当蒸汽失去能量，它会被收集到一个单独的空腔里，在那里冷却凝结，变回液态水。在这个发生在密闭空腔里的凝结过程中，蒸汽制造出一个"真空"，一个没有物质的空间。这个真空空间使气压推动活塞再次落下，为另一轮的工作做准备。

早期蒸汽机里的活塞都连在巨大的横梁上，而这些横梁又被连到长竿上，长竿向下放入水井或者矿井中。这些长竿驱动

图 9.1　来自 18 世纪 70 年代中期的瓦特蒸汽机

水泵，慢慢地把水运上来。到了 19 世纪早期，发动机被设计出来了，从此膨胀的蒸汽驱动的是轮子而不再是活塞了。这种新的设计很快被用来驱动轮船、火车和早期的各类汽车。

现在，蒸汽驱动的船和火车已不再被广泛使用。大多数运输蒸汽机已经被在发动机内部燃烧燃料的内燃机所取代。另外，燃料也不再选用木头或煤，而换成了可燃气体。

蒸汽动力发电

并不是所有的蒸汽机都被废弃了。现代蒸汽机的主要工业应用是发电。实际上，全世界超过 80% 的电都是用蒸汽机生产的。如果你住的地方恰好就是用蒸汽机发电的，那你要感谢蒸发和凝结为你带来了电。

这种用于发电的蒸汽机被称为汽轮机。汽轮机就像原始的蒸汽机一样，它通过加热水来制造蒸汽，然后驱使着这些蒸汽通过一系列的阶段，将它的能量转变成机械能。汽轮机推动的不是简单的活塞，而是一系列圆形叶片或者转子，这些转子驱动制造电的发电机。最后，蒸汽凝结，回到系统中。

世界上大多数的电是通过汽轮机产生的。不同电厂之间的主要差别就是用于煮沸水，将其从液体变成气体的燃料类型不同。核能发电厂利用核能来煮沸汽轮机中的水，而化石燃料发电厂燃烧化石燃料（比如煤）来煮沸汽轮机中的水。

你用的电或许来自一座先进、精密的核电站，但它仍然依赖于通过水的相变释放出来的旧式蒸汽。

冻结和升华

冻干食物的加工过程利用冻结和升华，达到不用冷藏而长时间保存食物的目的。把食物冻干的目标是在不加热的情况下，去除食物中的所有水分，制成一个没有烹饪过的完全干燥的产品。给这种食物加热水就可以恢复它的水分，制造出一顿可食用的新鲜饭食。

这个过程的关键在于用正确的方法把食物中的水去掉。如果通过加热来蒸发食物中的水，那么热量会不可避免地烹煮食物，导致食物在补水后失去应有的形状和口感。总体来说，蒸发无论如何也不能把食物中的水全部去除；蒸发常常会留下5%～10%的水分，致使成品看起来是干的，但实则不然。

为了在不使用热的情况下把水从食物中除去，冻干会完全跳过水的液相阶段。首先，食物中的所有水都被冻结成固体；然后，利用升华把固体水变成水蒸气，这样就可以在不改变食物形状和口感的同时把水提取出来了。

冻干机先将食物中的水完全冻结——第一个相变。然后利用升华把固态水变成水蒸气——第二个相变。如你所知，在升华的过程中，固体中的分子获得足够的能量，以摆脱它们在固体结构中的位置，但是压力太低，分子无法形成液体，所以它

图 9.2 提供给宇航员的冻干食品

注：很多食物，比如虾仁炒饭，都可以进行冻干处理。

们会直接变成气体。

冻干机会对被密封在一个空腔里的冻结食物施加少量热量。这些热会促使固体中的分子逃离，但是在稍微加热的同时，有一个泵会把空腔里的空气吸出，并降低压力。低压使液态水无法形成，所以固体中的分子就会直接变成水蒸气。

这个加工过程的结果就是一份超轻的脱水食物。当这份食物被密封在一个不透气的包装里的时候，不需要任何特殊条件就能贮存很多年。因为该食物中没有水，细菌或者其他微生物都无法生存，它也就不会变质了。要吃的时候，我们给它加上水就能重现食物的原貌了。

虽然大多数人可能都没吃过冻干食物，但是冻干加工过程被美国联邦政府广泛应用，比如军方提供冻干餐食给作战中或者驻扎在国外的部队。航天业把冻干餐食运往太空，供宇航员们在宇宙飞船上食用。最近还有户外用品公司开始出售冻干食物，供人们在露营的时候食用。

冻干玫瑰

冻干玫瑰是水分被冻结又通过升华变成水蒸气的玫瑰。成品是一朵完美的干玫瑰，随时可以被展示在婚礼上或者长期保存。

冻干玫瑰在婚庆行业是一股潮流。这些花朵容易提前预定和储存，不会变质，还有很多品种可以选择。新娘可以为自己和他人订购成束的冻干玫瑰捧花，或者只订购一些冻干花瓣作为婚礼用的彩屑。在婚礼过后，这些干花可以作为婚礼的纪念品收藏起来。

然而，它们的外表、气味和触感与鲜花是不同的，它们也不能像冻干食品一样补水。一旦它们经过冻干加工，就永远是干的。一家冻干玫瑰制造商说其产品的吸引力是"市面上看起来最有生气的干玫瑰"。

熔化

"再循环"是收集使用过的材料，如玻璃、塑料瓶、纸张和铝罐等，并将其再次加工，制成新产品的过程。最常见的再循环各种材料的方法之一就是熔化。固体先被熔成液体，然后根据需要进行清理或加工，制成新东西。玻璃、塑料和金属的再循环都利用了这种相变。

玻璃

玻璃是一种非晶状固体，主要由沙子的主要成分二氧化硅分子（SiO_2）构成。玻璃因其坚固、透明和容易制造的特点，长期被用于制作饮料和食物的容器。

在再循环玻璃的时候，先按照常见的颜色把它们分成无色、绿色和棕色三类。因为有色玻璃被添加了不能被轻易除去的成分，所以有必要在再循环前分类。接下来，将这些玻璃打成小碎片，再进行清洁、熔化、重新塑形成新的东西。

这些小碎片熔化的温度比用原材料制造玻璃所需的温度低。当固态的玻璃碎片中的分子积聚了足够的能量，能够从结构中逃离，并以液态的形式流动的时候，熔化就发生了。这个过程中具体需要多少能量取决于玻璃的类型。

在美国，玻璃再循环是一个价值几十亿美元的产业，在 35 个州有 80 家玻璃再循环工厂。这一事实的部分原因是再循环玻璃需要的能量比制造新玻璃少，而且再循环制成的玻璃和新玻璃是一样的。在这种情况下，物质的固态和液态之间的转变并不会影响产品的最终质量。

塑料

塑料是一种合成材料，主要由在复杂的化学反应中结合到一起的分子链构成。大多数塑料被视为部分非晶态、部分晶态的固体。它们的形式多种多样，常用于制造家居产品。

用于制作饮料容器的塑料是最常被再循环的对象，但是它的处理过程很复杂。塑料有很多种类型，每种都包含着很多不同分子按不同顺序排列构成的链。每种类型的塑料都被标记一个数字编号，通常标在容器底部的一个三角形中。

在再循环塑料的时候，每种塑料都必须单独处理。将不同类型的塑料混在一起就像把油和水混在一起一样：这在分子层面是行不通的。从本质上来说，回收塑料就像是把一列长长的火车分离成一节节车厢，然后把它们重新放到一起，组成一列新的火车。这个分离的过程可以通过化学或者热力（即加热）的方式达成。

对塑料中的分子链进行化学分离通常会涉及一种相变。这个过程利用化学反应来改变塑料中分子的顺序，有时会产生液体、气体或者另一种固体。

热也被用于对塑料中的分子链进行物理分离。当塑料受热的时候，分子获得足够的能量，从它们的链和固体结构中分离出来。熔化和化学分离一样，也能生成新的液体、气体或者其他固体，然后这些新的液体、气体和固体被用作原材料，形成新的塑料产品。

另一种塑料再循环的方法则完全不涉及相变。塑料会被切成小碎片，然后重新黏合成新的形状。这种"塑料木材"可以用来制造公园长椅、门廊和游乐场地设施。

虽然再循环塑料消耗的能量比烧掉它少得多，但只有大约27%的塑料瓶被回收。根据美国环境保护署的说法，美国在2013年产生了总共3 200万吨的塑料垃圾，其中只有大约9%被回收再利用。

铝

铝是一种化学元素，是地球上储藏量最大的金属之一。这种软而轻的金属常用于包装中，制作饮料容器和金属箔片。铝的再循环是实施最早、现存的性价比最高的再循环活动之一。

和玻璃再循环一样，铝的再循环过程也很简单。把用过的铝包装粉碎成小片，然后投入到熔炉中熔化成浓稠的液体。此时，熔化的铝和第一次被加工的生铝是一样的。这些铝被重新塑形加工，制成新的产品和包装。

或许是因为工艺简单，用回收来的材料制造铝罐比用原材料制造铝罐需要的能量少95%。因为效率如此之高，所以每年

回收手机

随着移动通信的广泛普及，据粗略统计，全球有数十亿部手机被淘汰弃用，未被使用过的手机数量也很巨大。根据美国联邦政府的地球科学分支机构——美国地质调查局专家的说法，这些被弃用的手机是被隐藏的贵重金属宝藏，等待着被回收利用。

虽然一部手机里并没有大量的贵重金属，但是作为整体，未被使用的手机可能是一个巨大的、稀有而可回收的金属资源。这将极大地增加美国已经被回收金属的数量，而且可能会减轻开采新金属的压力。

目前还没有现成的计划或处置流程来回收制造手机用的材料。根据美国地质调查局的说法，每年被扔掉的手机仅有不足百分之一被以某种方式回收。和很多被淘汰的电子产品的部件一样，没人能确定要怎么处理它们或者如何通过回收赚取利润。

表9.1　手机回收信息

手机中的金属	5亿部未使用手机中金属总重	总价值
铜	7 900 吨	1 700 万美元
银	178 吨	3 100 万美元
金	17 吨	1 亿 9 900 万美元
铂金	0.18 吨	390 万美元

都有几十亿个铝罐被再循环。此外，铝制的汽车零件、门窗和器具也都被定期再循环。

凝华

在工业生产中，人们利用凝华在物体表面制造出非常薄的物料涂膜。这个过程被称为"物理气相沉积"（physical vapor deposition，PVD），它将特定的气体分子变成固体，沉积在物体表面形成涂层。有些涂层是保护性的，有些涂层则可以制造出漂亮的外观。

大多数人可能从来没有听说过物理气相沉积工艺，但是他们肯定都用过物理气相沉积产品。在物体表面上加一层保护性的涂层这种基本概念并不是完全不为人所知。油漆中含有会在物体表面沉积出一个保护层的化学物质。电镀利用电在餐具、珠宝和硬币表面上沉积一层金属。物理气相沉积工艺利用相变在物体的表面制造沉积层。

物理气相沉积的一个优势是它的精确性。这个工艺能把极薄的沉积层（有时只有几个原子的厚度）涂到物体表面上，因而被广泛应用于制造半导体这种很多电子设备中使用的芯片式电路。

图 9.3 物理气相沉积工艺在这个芯片的表面加的涂层
注：这个涂层保护储存在芯片中的信息。

半导体是超薄而有光泽的"威化饼"一样的薄片，一般由纯硅（地球上最丰富的元素之一）制成。制作半导体的前几步之一是利用凝华来给薄片加涂层。根据半导体的预期用途，它可以被加上各种物质的涂层。

物理气相沉积也被用于为铝气球和零食袋添加透明的涂层。虽然闪亮的铝气球外侧的那层特制的多元酯沉积膜是透明的，但它增加了气球的强度。零食袋上与此类似的多元酯沉积膜有效地阻隔了气体和气味。这种工业相变既不特别光彩夺目，也不为人熟知，但是它被应用于消费者们使用的很多日常物品中。

总结

分子的运动、行为以及它们在自然中的组织方式，并不总是被科学家们所理解。但是对决定分子行为的基础化学法则有所了解后，我们就能够解释、预测，有时还能改变这些状态。通过改变和控制地球上不同东西的物态，人类可以获益良多。世界各地的家庭中和工业生产中的产品都能证明这一理念。

在地球水循环的不同阶段，水可以变成液态、固态或者气态，从而导致水在全球范围内的运动。人类会引起物质的状态改变，往往是为了改善生活水平。人类和其他生命形式都依赖于物态的很多变化。

附录一　元素周期表

1 IA								
1　H 氢 1.00794	2 IIA							
3　Li 锂 6.941	4　Be 铍 9.0122	3 IIIB	4 IVB	5 VB	6 VIB	7 VIIB	8 VIIIB	9 VIIIB
11　Na 钠 22.9898	12　Mg 镁 24.3051							
19　K 钾 39.0938	20　Ca 钙 40.078	21　Sc 钪 44.9559	22　Ti 钛 47.867	23　V 钒 50.9415	24　Cr 铬 51.9962	25　Mn 锰 54.938	26　Fe 铁 55.845	27　Co 钴 58.9332
37　Rb 铷 85.4678	38　Sr 锶 87.62	39　Y 钇 88.906	40　Zr 锆 91.224	41　Nb 铌 92.9064	42　Mo 钼 95.94	43　Tc 锝 (98)	44　Ru 钌 101.07	45　Rh 铑 102.9055
55　Cs 铯 132.9054	56 Ba 钡 137.328	57-70 ☆	71 Lu 镥 174.967	72　Hf 铪 178.49	73　Ta 钽 180.948	74　W 钨 183.84	75　Re 铼 186.207	76　Os 锇 190.23	77　Ir 铱 192.217
87　Fr 钫 (223)	88 Ra 镭 (226)	89-102 ★	103 Lr 铹 (260)	104 Rf 𬬻 (261)	105 Db 𬭊 (262)	106 Sg 𬭳 (266)	107 Bh 𬭛 (262)	108 Hs 𬭶 (263)	109 Mt 鿏 (268)

3　Li
锂
6.941

— 原子序数
— 元素符号
— 元素名称
— 原子质量

☆ 镧系元素
★ 锕系元素

57　La 镧 138.9055	58　Ce 铈 140.115	59　Pr 镨 140.908	60　Nd 钕 144.24	61　Pm 钷 (145)
89　Ac 锕 (227)	90　Th 钍 232.0381	91　Pa 镤 231.036	92　U 铀 238.0289	93　Np 镎 (237)

括号中的数字是最稳定同位素的原子质量。

物质状态：气体、液体和固体

18
VIIIA

			13 IIIA	14 IVA	15 VA	16 VIA	17 VIIA	2　He 氦 4.0026
			5　B 硼 10.81	6　C 碳 12.011	7　N 氮 14.0067	8　O 氧 15.9994	9　F 氟 18.9984	10　Ne 氖 20.1798
10 VIIIB	11 IB	12 IIB	13　Al 铝 26.9815	14　Si 硅 28.0855	15　P 磷 30.9738	16　S 硫 32.067	17　Cl 氯 35.4528	18　Ar 氩 39.948
28　Ni 镍 58.6934	29　Cu 铜 63.546	30　Zn 锌 65.409	31　Ga 镓 69.723	32　Ge 锗 72.61	33　As 砷 74.9216	34　Se 硒 78.96	35　Br 溴 79.904	36　Kr 氪 83.798
46　Pd 钯 106.42	47　Ag 银 107.8682	48　Cd 镉 112.412	49　In 铟 114.818	50　Sn 锡 118.711	51　Sb 锑 121.760	52　Te 碲 127.60	53　I 碘 126.9045	54　Xe 氙 131.29
78　Pt 铂 195.08	79　Au 金 196.9655	80　Hg 汞 200.59	81　Tl 铊 204.3833	82　Pb 铅 207.2	83　Bi 铋 208.9804	84　Po 钋 (209)	85　At 砹 (210)	86　Rn 氡 (222)
110　Ds 鐽 (271)	111　Rg 錀 (272)	112　Cn 鎶 (277)	113　Uut (284)	114　Fl 铁 (285)	115　Uup (288)	116　Lv 鉝 (292)	117　Uus ?	118　Uuo ?

62　Sm 钐 150.36	63　Eu 铕 151.966	64　Gd 钆 157.25	65　Tb 铽 158.9253	66　Dy 镝 162.500	67　Ho 钬 164.9303	68　Er 铒 167.26	69　Tm 铥 168.9342	70　Yb 镱 173.04
94　Pu 钚 (244)	95　Am 镅 243	96　Cm 锔 (247)	97　Bk 锫 (247)	98　Cf 锎 (251)	99　Es 锿 (252)	100　Fm 镄 (257)	101　Md 钔 (258)	102　No 锘 (259)

附录二　电子排布

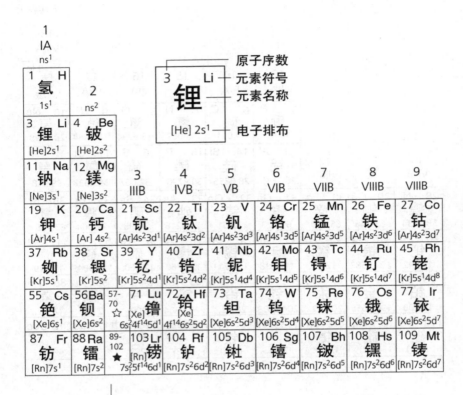

图例说明：
- 原子序数
- 元素符号
- 元素名称
- 电子排布

示例：3 Li 锂 [He] 2s¹

1 IA ns¹	2 ns²	3 IIIB	4 IVB	5 VB	6 VIB	7 VIIB	8 VIIIB	9 VIIIB
1 H 氢 $1s^1$								
3 Li 锂 $[He]2s^1$	4 Be 铍 $[He]2s^2$							
11 Na 钠 $[Ne]3s^1$	12 Mg 镁 $[Ne]3s^2$							
19 K 钾 $[Ar]4s^1$	20 Ca 钙 $[Ar]4s^2$	21 Sc 钪 $[Ar]4s^23d^1$	22 Ti 钛 $[Ar]4s^23d^2$	23 V 钒 $[Ar]4s^23d^3$	24 Cr 铬 $[Ar]4s^13d^5$	25 Mn 锰 $[Ar]4s^23d^5$	26 Fe 铁 $[Ar]4s^23d^6$	27 Co 钴 $[Ar]4s^23d^7$
37 Rb 铷 $[Kr]5s^1$	38 Sr 锶 $[Kr]5s^2$	39 Y 钇 $[Kr]5s^24d^1$	40 Zr 锆 $[Kr]5s^24d^2$	41 Nb 铌 $[Kr]5s^14d^4$	42 Mo 钼 $[Kr]5s^14d^5$	43 Tc 锝 $[Kr]5s^14d^6$	44 Ru 钌 $[Kr]5s^14d^7$	45 Rh 铑 $[Kr]5s^14d^8$
55 Cs 铯 $[Xe]6s^1$	56 Ba 钡 $[Xe]6s^2$	57-70 ☆	71 Lu 镥 $6s^24f^{14}5d^1$	72 Hf 铪 [Xe] $4f^{14}6s^25d^2$	73 Ta 钽 $[Xe]6s^25d^3$	74 W 钨 $[Xe]6s^25d^4$	75 Re 铼 $[Xe]6s^25d^5$	76 Os 锇 $[Xe]6s^25d^6$	77 Ir 铱 $[Xe]6s^25d^7$
87 Fr 钫 $[Rn]7s^1$	88 Ra 镭 $[Rn]7s^2$	89-102 ★	103 Lr 铹 $[Rn]$ $7s^25f^{14}6d^1$	104 Rf 𬬻 $[Rn]7s^26d^2$	105 Db 𬭊 $[Rn]7s^26d^3$	106 Sg 𬭳 $[Rn]7s^26d^4$	107 Bh 𬭛 $[Rn]7s^26d^5$	108 Hs 𬭶 $[Rn]7s^26d^6$	109 Mt 䥑 $[Rn]7s^26d^7$

☆ 镧系元素

★ 锕系元素

57 La 镧 [Xe] $6s^25d^1$	58 Ce 铈 [Xe] $6s^24f^15d^1$	59 Pr 镨 [Xe] $6s^24f^35d^0$	60 Nd 钕 [Xe] $6s^24f^45d^0$	61 Pm 钷 [Xe] $6s^24f^55d^0$
89 Ac 锕 $[Rn]7s^26d^1$	90 Th 钍 [Rn] $7s^25f^06d^2$	91 Pa 镤 [Rn] $7s^25f^26d^1$	92 U 铀 [Rn] $7s^25f^36d^1$	93 Np 镎 [Rn] $7s^25f^46d^1$

13 IIIA ns^2np^1	14 IVA ns^2np^2	15 VA ns^2np^3	16 VIA ns^2np^4	17 VIIA ns^2np^5	18 VIIIA ns^2np^6
					2 He 氦 $1s^2$
5 B 硼 $[He]2s^22p^1$	6 C 碳 $[He]2s^22p^2$	7 N 氮 $[He]2s^22p^3$	8 O 氧 $[He]2s^22p^4$	9 F 氟 $[He]2s^22p^5$	10 Ne 氖 $[He]2s^22p^6$
13 Al 铝 $[Ne]3s^23p^1$	14 Si 硅 $[Ne]3s^23p^2$	15 P 磷 $[Ne]3s^23p^3$	16 S 硫 $[Ne]3s^23p^4$	17 Cl 氯 $[Ne]3s^23p^5$	18 Ar 氩 $[Ne]3s^23p^6$

10 VIIIB	11 IB	12 IIB						
28 Ni 镍 $[Ar]4s^23d^8$	29 Cu 铜 $[Ar]4s^13d^{10}$	30 Zn 锌 $[Ar]4s^23d^{10}$	31 Ga 镓 $[Ar]4s^24p^1$	32 Ge 锗 $[Ar]4s^24p^2$	33 As 砷 $[Ar]4s^24p^3$	34 Se 硒 $[Ar]4s^24p^4$	35 Br 溴 $[Ar]4s^24p^5$	36 Kr 氪 $[Ar]4s^24p^6$
46 Pd 钯 $[Kr]4d^{10}$	47 Ag 银 $[Kr]5s^14d^{10}$	48 Cd 镉 $[Kr]5s^24d^{10}$	49 In 铟 $[Kr]5s^25p^1$	50 Sn 锡 $[Kr]5s^25p^2$	51 Sb 锑 $[Kr]5s^25p^3$	52 Te 碲 $[Kr]5s^25p^4$	53 I 碘 $[Kr]5s^25p^5$	54 Xe 氙 $[Kr]5s^25p^6$
78 Pt 铂 $[Xe]6s^15d^9$	79 Au 金 $[Xe]6s^15d^{10}$	80 Hg 汞 $[Xe]6s^25d^{10}$	81 Tl 铊 $[Xe]6s^26p^1$	82 Pb 铅 $[Xe]6s^26p^2$	83 Bi 铋 $[Xe]6s^26p^3$	84 Po 钋 $[Xe]6s^26p^4$	85 At 砹 $[Xe]6s^26p^5$	86 Rn 氡 $[Xe]6s^26p^6$
110 Ds 𫟼 $[Rn]7s^16d^9$	111 Rg 𬬭 $[Rn]7s^16d^{10}$	112 Cn 鎶 $[Rn]7s^26d^{10}$	113 Uut ?	114 Fl 𫓧 ?	115 Uup ?	116 Lv 𫟹 ?	117 Uus ?	118 Uuo ?

62 Sm 钐 [Xe] $6s^24f^65d^0$	63 Eu 铕 [Xe] $6s^24f^75d^0$	64 Gd 钆 [Xe] $6s^24f^75d^1$	65 Tb 铽 [Xe] $6s^24f^95d^0$	66 Dy 镝 [Xe] $6s^24f^{10}5d^0$	67 Ho 钬 [Xe] $6s^24f^{11}5d^0$	68 Er 铒 [Xe] $6s^24f^{12}5d^0$	69 Tm 铥 [Xe] $6s^24f^{13}5d^0$	70 Yb 镱 [Xe] $6s^24f^{14}5d^0$
94 Pu 钚 [Rn] $7s^25f^66d^0$	95 Am 镅 [Rn] $7s^25f^76d^0$	96 Cm 锔 [Rn] $7s^25f^76d^1$	97 Bk 锫 [Rn] $7s^25f^96d^0$	98 Cf 锎 [Rn] $7s^25f^{10}6d^0$	99 Es 锿 [Rn] $7s^25f^{11}6d^0$	100 Fm 镄 [Rn] $7s^25f^{12}6d^0$	101 Md 钔 [Rn] $7s^25f^{13}6d^0$	102 No 锘 [Rn] $7s^25f^{14}6d^1$

附录三 原子质量表

元素	符号	原子序数	原子质量	元素	符号	原子序数	原子质量
锕	Ac	89	（227）	锿	Es	99	（252）
铝	Al	13	26.9815	铒	Er	68	167.26
镅	Am	95	243	铕	Eu	63	151.966
锑	Sb	51	121.76	镄	Fm	100	（257）
氩	Ar	18	39.948	氟	F	9	18.9984
砷	As	33	74.9216	钫	Fr	87	（223）
砹	At	85	（210）	钆	Gd	64	157.25
钡	Ba	56	137.328	镓	Ga	31	69.723
锫	Bk	97	（247）	锗	Ge	32	72.61
铍	Be	4	9.0122	金	Au	79	196.9655
铋	Bi	83	208.9804	铪	Hf	72	178.49
𬭛	Bh	107	（262）	𬭶	Hs	108	（263）
硼	B	5	10.81	氦	He	2	4.0026
溴	Br	35	79.904	钬	Ho	67	164.9303
镉	Cd	48	112.412	氢	H	1	1.00794
钙	Ca	20	40.078	铟	In	49	114.818
锎	Cf	98	（251）	碘	I	53	126.9045
碳	C	6	12.011	铱	Ir	77	192.217
铈	Ce	58	140.115	铁	Fe	26	55.845
铯	Cs	55	132.9054	氪	Kr	36	83.798
氯	Cl	17	35.4528	镧	La	57	138.9055
铬	Cr	24	51.9962	铹	Lr	103	（260）
钴	Co	27	58.9332	铅	Pb	82	207.2
铜	Cu	29	63.546	锂	Li	3	6.941
锔	Cm	96	（247）	镥	Lu	71	174.967
𫟼	Ds	110	（271）	镁	Mg	12	24.3051
𬭊	Db	105	（262）	锰	Mn	25	54.938
镝	Dy	66	162.5	𫟼	Mt	109	（268）

元素	符号	原子序数	原子质量	元素	符号	原子序数	原子质量
钔	Md	101	（258）	铲	Rf	104	（261）
汞	Hg	80	200.59	钐	Sm	62	150.36
钼	Mo	42	95.94	钪	Sc	21	44.9559
钕	Nd	60	144.24	𨭎	Sg	106	（266）
氖	Ne	10	20.1798	硒	Se	34	78.96
镎	Np	93	（237）	硅	Si	14	28.0855
镍	Ni	28	58.6934	银	Ag	47	107.8682
铌	Nb	41	92.9064	钠	Na	11	22.9898
氮	N	7	14.0067	锶	Sr	38	87.62
锘	No	102	（259）	硫	S	16	32.067
锇	Os	76	190.23	钽	Ta	73	180.948
氧	O	8	15.9994	锝	Tc	43	（98）
钯	Pd	46	106.42	碲	Te	52	127.6
磷	P	15	30.9738	铽	Tb	65	158.9253
铂	Pt	78	195.08	铊	Tl	81	204.3833
钚	Pu	94	（244）	钍	Th	90	232.0381
钋	Po	84	（209）	铥	Tm	69	168.9342
钾	K	19	39.0938	锡	Sn	50	118.711
镨	Pr	59	140.908	钛	Ti	22	47.867
钷	Pm	61	（145）	钨	W	74	183.84
镤	Pa	91	231.036	鎶	Cn	112	（277）
镭	Ra	88	（226）	铀	U	92	238.0289
氡	Rn	86	（222）	钒	V	23	50.9415
铼	Re	75	186.207	氙	Xe	54	131.29
铑	Rh	45	102.9055	镱	Yb	70	173.04
轮	Rg	111	（272）	钇	Y	39	88.906
铷	Rb	37	85.4678	锌	Zn	30	65.409
钌	Ru	44	101.07	锆	Zr	40	91.224

附录四 术语定义

绝对零度 所有的分子运动都停止，并且物质中没有热能残留的温度。

气溶胶 悬浮在空气中的一小块固体或液体微粒。

非晶态固体 被不可预知的键和力结合到一起的固体。

顶浆汗腺（大汗腺） 在人的腋下和生殖器附近产生含油脂的、异味强烈的液体的腺体。

原子 维持某化学元素的性质的最小组成单位。

沸点 液体变成气体的温度。

玻色-爱因斯坦凝聚 超冷、超低速运动着的原子团；一些科学家认为它是一种独特的物态。

化学键 当原子获得、丢失或共用电子，从而形成一个含有两个或多个原子的分子时产生的力。

化学式 表明构成一种物质分子的元素的简略表达。

化学反应 物质之间发生反应，生成新物质。

密堆积结构 一种其内部每个原子都尽可能靠近另一个原子的固体。

凝结 气体变成液体的过程。

共价键 当原子共用电子时形成的键。

晶态固体 其粒子以固定的几何结构排列的固体。

凝华 气体变成固体的过程。

偶极子 同时具有带负电区域和带正电区域，且两者在空间上分开的分子。

偶极-偶极相互作用 当一个分子带正电的一端被另一个分子带负电的一端吸引时所产生的一种分子间力。

色散力 当分子短暂地带电（正电或负电），并互相吸引时产生的一种分子间力。

小汗腺　产生和排除汗液来调节体温的腺体。

电场　一个带电粒子周围的空间，会对其他粒子施加作用力。

电负性　一个东西的电负性越强，吸引电子的能力越强。

电子　原子中带负电荷的亚原子粒子；使一个原子与另一个原子结合到一起。

静电力　将带相反电荷的粒子结合到一起的力。

元素　宇宙中最基本的物质；它们无法被分解成不同的物质。

吸热反应　需要热量才能发生的反应。

蒸发　液体变成气体的过程。

放热反应　放出热量的反应。

凝固点　液体变成固体时的温度。与固体的熔点相同。

腺体　人体中的一个制造和释放荷尔蒙和其他体液等特殊物质的器官。

氢键　当一个氢原子被另一个分子中的氢原子吸引时发生的一种偶极-偶极相互作用。

理想气体定律　描述理想气体的方程式，反映压力和容量的乘积与温度和气体分子数量的乘积之间的关系，写作 $PV = nRT$。

分子间力　两个或多个分子之间的力，一般比化学键的力弱。

离子键　在一个原子将一个电子给另一个原子的时候产生。

离子固体　由离子键结合到一起的固体。

动能　运动的能量。

液晶　介于液体和固体之间的物质。

磁场　一个对移动的带电粒子施加作用力的物质。

物质　所有占据空间的东西。

熔化　固体变成液体的过程。

熔点　固体变成液体时的温度，与凝固点相同。

金属键　两个金属原子共用电子时形成的键。

金属固体　由金属键结合在一起的固体。

分子晶体　由分子间力结合在一起的固体。

分子　两个或多个原子通过共用电子结合在一起时产生的粒子。

中子　电中性的亚原子粒子。

原子核　原子中密布着带正电荷的粒子（质子）和电中性的粒子（中子）的中心区域。

八隅体规则　原子趋向于在其最外层能级具有八个电子以保持稳定。

轨道　电子在原子内所处的能级。

元素周期表　一个有序排列的化学元素列表。

相变　物质改变其形式，或者说物态。

相位图　用以展示一种给定材料在所有可能的温度和压力条件下的物态。

等离子体　被电离的气体；被普遍认为是第四种物态。

压力　原子或分子对一个特定空间施加的力的大小。

性质（化学）　一种化学物质特有的行为。

质子　原子中带正电荷的亚原子粒子。

形状　可测量的尺寸。

物态　决定分子如何运动、运转以及如何充满一个空间。三种主要的物态是固态、液态和气态。

蒸汽机　煮沸液体水，产生蒸汽以驱动活动部件，并将蒸汽重新凝结成液体以备再次煮沸的设备。

亚原子粒子　原子内的粒子；包括质子、中子和电子。

升华　固体变成气体的过程。

超临界流体　行为不同于一般液体，兼具液体和气体性质的液体。

超流体　被置于闭环之中后，会无休止地流动的液体。

超固体　拥有传统固体的晶状结构的超流体。

温度　反应大量分子的平均动能的量度。

三相点　可使一种物质以气相、液相、固相存在的可能性相同的温度和压力。

真空　一个没有物质的空间。

容量　占据大小固定的空间。

水循环　描述水在地表、地上和地下的运动。

关于作者

对于科普作家克丽丝塔·韦斯特（Krista West）来说，化学从不是一个简单的话题。在学习了生命科学和地球科学中的化学几年后，她才意识到（并欣赏）它的力量。如今，她为年轻人写有关化学的书籍，涵盖物态、化学反应和金属性质等多种话题。克丽丝塔拥有哥伦比亚大学理学硕士（地球科学专业）和文学硕士（新闻学专业）学位。她和丈夫及两个儿子生活在美国阿拉斯加的费尔班克斯。